# 户型优化

## 理想格局 改造攻略

陈 放　汪 格————著

R 江苏凤凰科学技术出版社 · 南京

# 图书在版编目（CIP）数据

户型优化.理想格局改造攻略 / 陈放，汪格著. ——
南京：江苏凤凰科学技术出版社，2024.1
ISBN 978-7-5713-3781-0

Ⅰ．①户… Ⅱ．①陈… ②汪… Ⅲ．①住宅－室内装
修－建筑设计 Ⅳ．①TU767

中国国家版本馆CIP数据核字(2023)第180610号

## 户型优化　理想格局改造攻略

| | | |
|---|---|---|
| 著　　　者 | 陈　放　汪　格 | |
| 项 目 策 划 | 庞　冬　代文超 | |
| 责 任 编 辑 | 赵　研　刘屹立 | |
| 特 约 编 辑 | 代文超 | |

| | |
|---|---|
| 出 版 发 行 | 江苏凤凰科学技术出版社 |
| 出版社地址 | 南京市湖南路1号A楼，邮编：210009 |
| 出版社网址 | http：//www.pspress.cn |
| 总 经 销 | 天津凤凰空间文化传媒有限公司 |
| 总经销网址 | http：//www.ifengspace.cn |
| 印　　刷 | 河北京平诚乾印刷有限公司 |

| | |
|---|---|
| 开　　本 | 710 mm×1 000 mm　1／16 |
| 印　　张 | 11 |
| 字　　数 | 176 000 |
| 版　　次 | 2024年1月第1版 |
| 印　　次 | 2024年1月第1次印刷 |

| | |
|---|---|
| 标 准 书 号 | ISBN　978-7-5713-3781-0 |
| 定　　价 | 59.80元 |

 # 前言

**家，不仅要好看，更要好住，**
**改造攻略来帮您！**

中国老百姓住着各式各样、或新或旧的房子。也许小时候生活在父母单位的公租房，求学时搬进了集体宿舍，上班后蜗居于出租屋，再到后来终于拥有了自己真正的家。人们总相信：不管住在哪里，家都承载着爱与期望。所以房市置业，多以自住为主。

买房装修，添置家具，人们对生活品质的要求越来越高，家居市场的更新迭代也越来越快。生活品质看似提高了，又好像不够理想——住在低楼层，如何改善采光？房间怎么设计动线才合理？柜子做多少，够用又不挤？……而且随着家庭成员数、年龄、喜好的变化，原本舒适的家就渐渐变得不好住了。人们在"格局怎么改，才更适合我家？"的问题上不得要领，很容易走进"装修好看，就能好住"的误区。虽然花了钱、费了心，但格局有问题，家还是不好住。

破解格局问题的法宝就是户型优化。从事建筑装饰行业二十余年，我们在平面格局——装修设计的源头，运用更系统的设计思维，抓住根本的需求痛点逐个攻破，从而提升住宅格局的兼容度。无论空间表面装饰如何改变，家一直舒适。

授人以鱼，不如授人以渔。本书选取全国各地 30 个真实的案例，以常见的中小户型为主。居住者身份各异，有单身青年、新婚夫妇、一家三口、三代同堂等，细致分析格局改造思路与落地方案，希望能给读者带来一些启发。与设计需求密切相关的亲子住宅、适老化设计等议题，也希望得到设计界同行的重视，引发思考。（注：本书所有案例均来自武汉陈放设计顾问有限公司，且均不涉及砖混结构的住宅）

篇幅有限，我们对方案讲解和实例示范做了简化，几易其稿仍有诸多不足，敬请谅解。向所有为此书提供过帮助的人表示衷心感谢。让人人享受更健康、舒适的家居生活，是每一位设计师愿景。希望读者即使简单装修，也能把户型优化——住宅设计的"地基"打好，拥有理想的家。

陈 放 汪 格
2023 年 9 月

 **目录**

## 第1章 住宅格局的四类核心痛点破解

# 第 2 章　住宅格局的六类改造优化实例

第 1 章

# 住宅格局的四类核心痛点破解

痛点一　户型不通透，采光、通风差
痛点二　格局太凌乱，动线走不顺
痛点三　空间功能少，房间不够用
痛点四　收纳无规划，物品装不下

痛点一

户型不通透，采光、通风差

第一号家

# 一层紧凑型三居，被树木团团围住，如何改善采光？

郁郁苍翠，
被美景环绕的小住宅

| 套内面积：76 m² | 位置：电梯公寓楼1层边户 | 户型：3室2厅1卫 |

该户型偏长方形，格局紧凑，阳台朝南，阳台与客厅外围是小区花圃，被一人多高的树木围得密不透风，通风、采光极差。且房子位于一层，管道堵塞的概率比较大。家庭成员是母女俩，只需两间卧室，业主希望拥有练琴、舞蹈功能区，兼顾亲子阅读与玩耍。

? 改造前问题

N

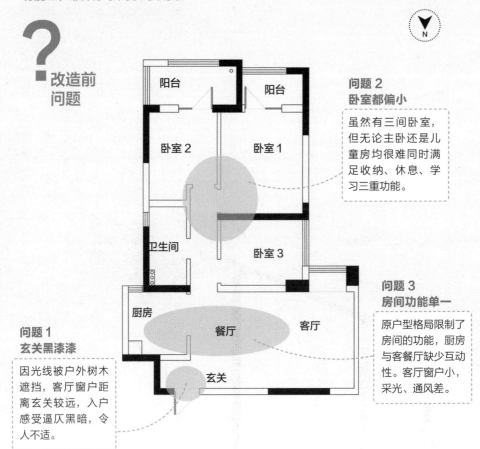

**问题 2**
**卧室都偏小**

虽然有三间卧室，但无论主卧还是儿童房均很难同时满足收纳、休息、学习三重功能。

**问题 3**
**房间功能单一**

原户型格局限制了房间的功能，厨房与客餐厅缺少互动性。客厅窗户小，采光、通风差。

**问题 1**
**玄关黑漆漆**

因光线被户外树木遮挡，客厅窗户距离玄关较远，入户感受逼仄黑暗，令人不适。

改造后
破解法 A

拆除原户型中间的非承重墙，保留两间卧室，设置开放式厨房，拓展客餐厅面积，形成多功能亲子空间。

**破解 2**
**左右腾挪借面积**

保留两间卧室，将两间卧室中间的墙体往主卧移动，利用其与门洞墙面形成的凹陷空间，设置儿童房桌台与书柜，搭配儿童游戏床架。打通主卧与原临近阳台，将衣柜放在阳台，形成超宽活动区，采光、通风更好。

**破解 3**
**具有复合功能的客餐厅**

拆除后的卧室是客厅，圆形茶几搭配围合式沙发与单椅，妈妈可给孩子讲故事。宽大的飘窗台引入室外风景和阳光。原客厅则作为亲子区，可做练琴房、舞蹈区，与餐厅、厨房岛台、客厅形成互动。加设全折叠隔断门，也可做客房使用。

**破解 1**
**改变入户门位置，增加玄关采光**

将入户门向右移动，拉直厨房岛台与餐厅走道之间的分界线，立面更整体。拆除入户正对面短墙，厨房和亲子区的光线能照亮玄关。定制柜与餐厅背景墙造型结合，入户感受开阔清爽。

# 重要功能区改造要素

**空间尺度把控**

◆ **客餐厅** 入户通道宽 1200 mm，去往厨房的走道宽 900 mm，去往卧室的走道宽 1055 mm。

◆ **厨　房** 厨房宽敞明亮，内部走道宽 1450 mm。灶台、水槽和岛台呈 U 形，操作高效。

◆ **亲子区** 整体长约 2660 mm，宽约 3190 mm，作为舞蹈区宽敞实用。

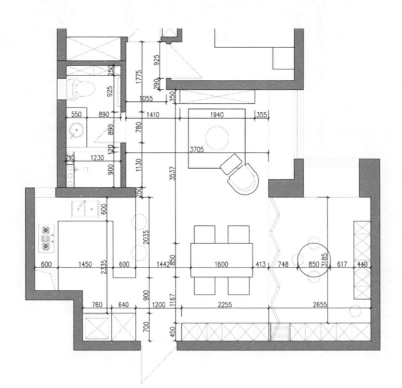

**收纳规划布局**

◆ 厨　房　岛台＋地柜＋吊柜，岛台长约 2040 mm，橱柜由 300 mm 深的吊柜和 600 mm 深的地柜组成。

◆ 客餐厅　鞋柜＋餐边柜＋客厅边柜，餐边柜深 450 mm，高到顶；客厅边柜长 1940 mm，深 350 mm，高 900 mm，可收纳玩具和儿童画册。

◆ 亲子区　四人折叠桌＋衣柜＋边柜，可做客房、书房、练舞区。衣柜长约 2660 mm，深 450 mm，高到顶。放置轻质可爱的活动家具，创建不同的欢乐亲子场景。

---

**功能动线优化**

◆ 功　能　坐便器在窗户附近，通风效果良好，换气畅通。坐便器侧面有一排悬挂收纳柜（使用防潮板），增加收纳容积。淋浴间在入口左侧，使用频率低，所以放在了平开门的背面，对隐私起到一定的保护作用。利用下水管与淋浴隔断空隙设计壁龛。

◆ 动　线　从入口到洗手盆、坐便器、淋浴间都是直线，动线短，最为便捷。

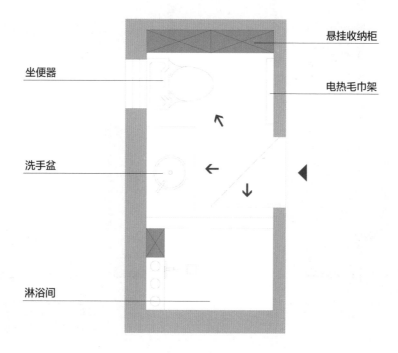

改造后
破解法 **B**

较之 A 方案，整体格局更加开敞通透。将清洁区拓展至户外，一卫改成两卫，每个功能区都充分预留拓展空间。

**不同之处 1**
**拓展儿童房空间，增加卫生间**

改变卫生间格局，充分利用原下水管道。将儿童房与阳台合并，设置衣柜与书桌，扩展活动空间。

**不同之处 2**
**户外晾晒区与家政清洁区结合**

将原客厅的窗改为门，利用室外区域，作为晾晒区，同时加设洗衣水槽。将原阳台并入主卧，活动空间更开阔，不被杂物侵占。

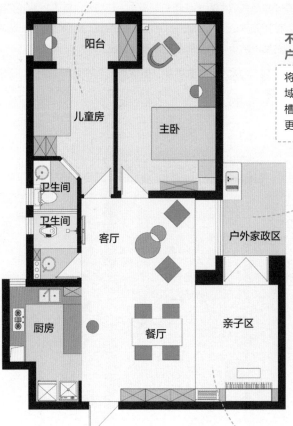

阳台

儿童房

主卧

卫生间

卫生间

客厅

户外家政区

厨房

餐厅

亲子区

**不同之处 3**
**为亲子区预留更多活动空间**

减少亲子区的收纳柜和活动家具，放置钢琴，引入室外风景，可以在此练习舞蹈，进行亲子游戏，环境体验感更佳。

# 重要功能区改造要素

**核心功能实现**

◆ （空间特点）整合卧室与阳台功能，实现收纳、休息、阅读与娱乐功能。

◆ （家具设置）儿童需要宽敞的活动范围，将高低床、书桌放在同一侧，留出宽裕的活动空间。主卧通透、舒适，床边与床尾都不设置通高衣柜，而把衣柜放置在原阳台侧面，让阳光、清风、户外的绿意都能自由地流进室内。

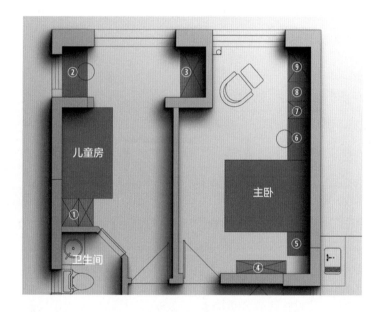

**家具尺寸参考**

① 高低床旁边衣柜（长 600 mm，深 750 mm，高到顶）

② 书桌与矮书架（长 1200 mm，宽 600 mm，高 750 mm）

③ 儿童衣柜（长 1200 mm，深 600 mm，高到顶）

④ 装饰边柜（长 1200 mm，深 300 mm，高 900 mm）

⑤ 床头柜（长 550 mm，宽 600 mm，高 600 mm）

⑥ 梳妆台／书桌（长 1200 mm，宽 600 mm，高 750 mm）

⑦ 衣柜（长 400 mm，深 600 mm，高到顶）

⑧ 开放式收纳柜（长 450 mm，深 600 mm，高到顶）

⑨ 衣柜（长 800 mm，深 600 mm，高到顶）

## 第2号家

# 标准的三居室连廊房，进深超过 14 m，采光、通风是硬伤

双向导光，点亮居家氛围；
弹性隔断，引入光与风

套内面积：105 m² ｜ 位置：电梯公寓楼 4 层中间户 ｜ 户型：3 室 2 厅 2 卫

　　户型呈扁长方形，进深大，开间小，南北朝向，位于连廊式公寓楼中间户。一家三口人希望能有长期物品的收纳柜，功能分区灵活一点，既能增加情感流动，又能分开活动互不打扰。

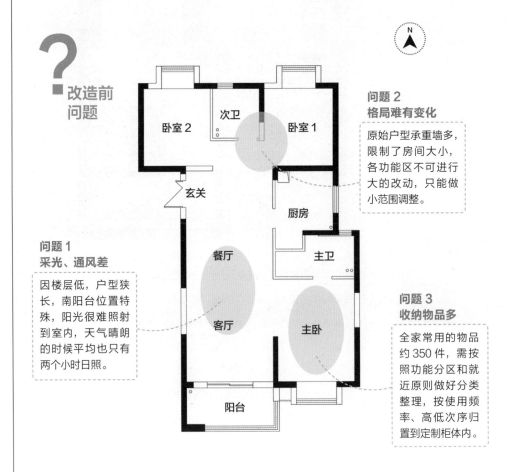

**?改造前问题**

**问题 2
格局难有变化**

原始户型承重墙多，限制了房间大小，各功能区不可进行大的改动，只能做小范围调整。

**问题 1
采光、通风差**

因楼层低，户型狭长，南阳台位置特殊，阳光很难照射到室内，天气晴朗的时候平均也只有两个小时日照。

**问题 3
收纳物品多**

全家常用的物品约 350 件，需按照功能分区和就近原则做好分类整理，按使用频率、高低次序归置到定制柜体内。

卧室2　次卫　卧室1
玄关　厨房
餐厅　主卫
客厅　主卧
阳台

改造后
破解法 A

拆除所有非承重墙，重新规划格局，划分功能区。
新砌墙体结合收纳规划，追求利落整体的立面效果。

**破解 3**
**充分利用立面增加收纳容积**

儿童房采用上床下书桌、带收纳柜的组合家具，预留大量活动空间。书房兼客房功能，收纳柜内藏有可折叠单人床。

**破解 1**
**拆除遮挡光线的墙体**

改变长方形客餐厅格局，视野通透，采光效果更佳。开放式厨房与横向餐台围合，形成中西厨，兼具互动性，削弱了入户时的逼仄感。

**破解 2**
**用柜体代替隔墙，划分功能区**

利用入户走道面积，打造收纳区，安置鞋子、包包等物品；柜体背面是卫生间洗手台面，恰好挡住湿区入口，避免卫生间门直对餐厅。

# 重要功能区改造要素

空间尺度把控

◆ （客餐厅） 入户为开放空间，去往厨房的走道宽约 1300 mm，去往卧室的走道宽 860 mm，电视背景墙到沙发背景墙之间的距离为 3460 mm。

◆ （餐　厅） 带水槽的西厨岛台搭配四人餐桌，四周走道均在 900 mm 以上。

◆ （卫生间干区） 入口走道宽 860 mm，干区双盆台面距离湿区墙体在 1000 mm 以上。

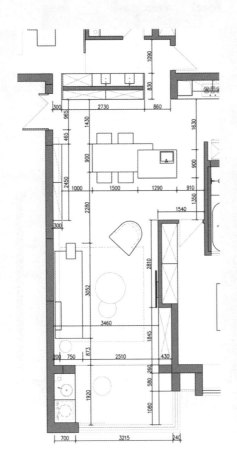

**收纳规划布局**

◆ （玄 关）鞋柜与卫生间干区收纳功能相结合，兼做餐厅背景造型。柜体与入户门之间预留 300 mm 宽的间距，除了增加采光，方便家长在书房工作时照顾在客厅玩耍的孩子。

◆ （客餐厅）长条原木板书架 + 西厨岛台。书架宽 300 mm；岛台长约 1300 mm，宽 900 mm，高 820 mm；餐桌可用长度为 1500 mm，宽 900 mm，高 750 mm。沙发与单椅尺寸小巧，空间更显宽敞。

◆ （阳 台）家政吊柜 + 收纳柜。

**功能动线优化**

◆ （功 能）全屋采光、通风最好的阳台，除了用于晾晒，利用墙面的凹陷处添置收纳高柜、可坐式收纳柜。将无痕晾衣架嵌入天花板内；洗衣机、烘干机全部隐藏于柜体内，整洁美观。

◆ （动 线）洗衣机和烘干机叠放在东南角，紧挨着洗衣池，动线短，最为便捷。

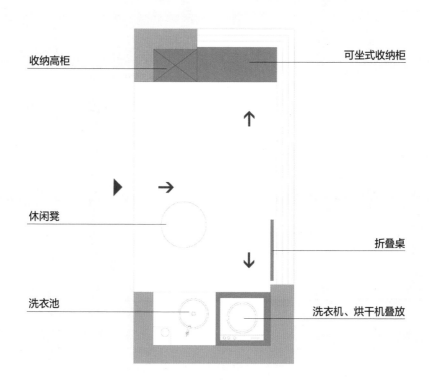

改造后
破解法 B

较之 A 方案，整体更注重定制收纳柜设计，容
积利用率更高，墙壁与柜体设计结合通透隔断。

**不同之处 1**
**增加半通透隔断**

次卫更明亮，柜体结合透光不
透影的玻璃隔断，增强空间的
私密性。

**不同之处 2**
**立面造型更整体**

沙发背景墙采用定
制墙板，与主卧隐
形门搭配，形成大
气的立面效果；结
合厨房入口处的定
制柜体，空间气质
更为融洽和谐。

**不同之处 3**
**拓展主卫空间**

主卫尺度宽松，
进门有浴缸、长
条洗手台，凸显
优雅气质。

**不同之处 4**
**增加阳台阅读功能**

利用女儿墙设置长条书
桌，书桌可折叠放置。

# 重要功能区改造要素

**核心功能实现**

◆ (空间特点) 考虑孩子从孩童到青春期的成长特性，儿童房采用定制家具和成品家具相结合的形式。家具高矮搭配，错落有致，不会让房间显得拥挤。

◆ (家具设置) 高低床下方是阅读区，上方是床铺，床两边分别是靠窗的地台和高度到顶的衣柜。地台的另一边连接长度约 2000 mm 的书桌与书架。

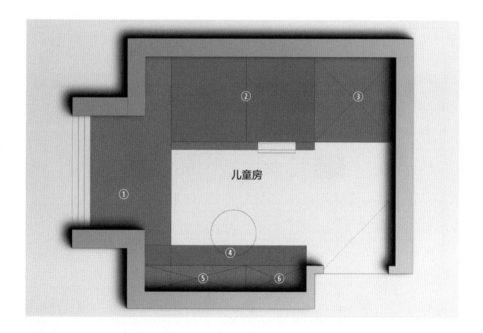

儿童房

**家具尺寸参考**

① 地台收纳柜（长 3000 mm，深 1000 mm，高 200 mm）

② 高低床（长 1900 mm，宽 1100 mm，高 1800 mm）

③ 儿童衣柜（长 1100 mm，深约 1100 mm，高到顶）

④ 书桌（长 2150 mm，宽 600 mm，高 750 mm）

⑤ 书架（长 1350 mm，宽 350 mm）

⑥ 书柜（长 800 mm，深 350 mm，高到顶）

# 第3号家

# 北向筒子楼，一室一厅明厨明卫，可惜晒不到太阳

## 餐厨区大挪移，让使用频率与空间亮度成正比

| 套内面积：39 m² | 位置：电梯公寓楼 12 层边户 | 户型：1 室 1 厅 1 卫 |

房子是紧凑型一居室，紧靠安全通道，北面是主要的通风、采光面。房屋五个角落有承重柱。设计以满足夫妻两人的生活需求为主，兼顾办公、娱乐功能，以及容积适量的收纳空间。未来孩子出生，再置换新房。

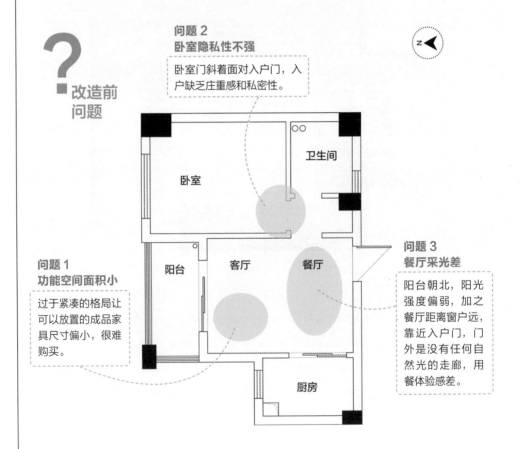

**？** 改造前问题

**问题 2**
**卧室隐私性不强**
卧室门斜着面对入户门，入户缺乏庄重感和私密性。

**问题 1**
**功能空间面积小**
过于紧凑的格局让可以放置的成品家具尺寸偏小，很难购买。

**问题 3**
**餐厅采光差**
阳台朝北，阳光强度偏弱，加之餐厅距离窗户远，靠近入户门，门外是没有任何自然光的走廊，用餐体验感差。

卧室

卫生间

阳台

客厅

餐厅

厨房

**改造后
破解法 A**

功能分区按优先级排序，实现功能集中化，严格控制家具尺寸，确保通道尺度适宜。新砌墙体结合定制柜体设计，收纳空间充足。

**破解 1
空间按功能优先级排序**

客厅与餐厅之间的空间尺度以客厅优先，卧室与卫生间之间的空间尺度以卧室优先。卧室向卫生间扩展，嵌入衣柜，在窗户处设计长书桌，搭配收纳柜，满足业主的办公需求。

**破解 2
卧室入口改位**

改变卧室的入口朝向，采用隐形门，搭配客厅收纳柜，打造统一整体的立面效果。

**破解 3
打通阳台，改善采光**

开放式阳台设计，公共空间更显开阔明亮。客厅沙发为定制家具，下方收纳物品，上方铺设坐垫即可使用。

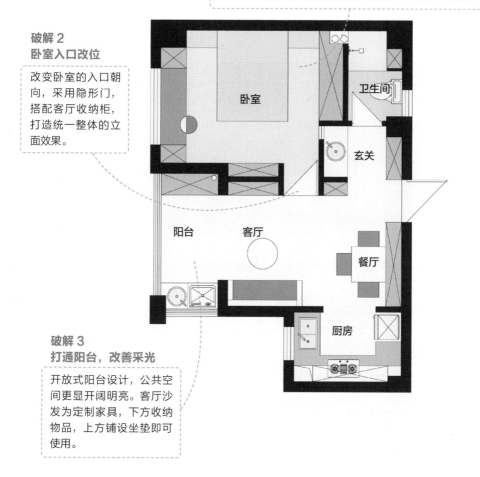

# 重要功能区改造要素

**空间尺度把控**

◆ （客餐厅） 入户通道宽约 960 mm，去厨房的走道宽约 1100 mm，去卧室入口宽 800 mm，电视背景墙到沙发背景墙之间的距离约为 2800 mm。

◆ （厨 房） 厨房内走道宽 1290 mm，无门扇，门洞宽 1300 mm。冰箱、灶台和水槽形成三角形动线，操作高效。

◆ （卧 室） 走道最小宽度约 700 mm，宽松舒适。

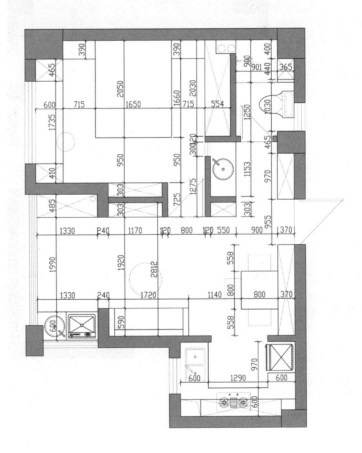

**收纳规划布局**

◆ （卫生间）干区收纳柜 + 砖砌壁龛。柜体与壁龛深度均为 370 mm。

◆ （客餐厅）电视背景柜 + 餐边柜 + 可折叠餐桌。电视背景柜长 1170 mm，深约 300 mm，高到顶，可嵌入壁挂电视机。折叠餐桌在非用餐时段可收入餐边柜中，节省空间。

◆ （卧　室）衣柜 + 床头柜 + 大桌台 + 书架。书桌长 1735 mm，宽 600 mm，高 750 mm，两侧是书架。

---

**功能动线优化**

◆ （功　能）卫生间干湿分离，利用玄关通道做干区，方便入户洗手、消毒等；在洗手台正面开一扇小窗，改善玄关的通风与采光。

◆ （动　线）洗手盆距离玄关最近，动线短，最为便捷。坐便器在窗户附近，通风效果良好，换气畅通。

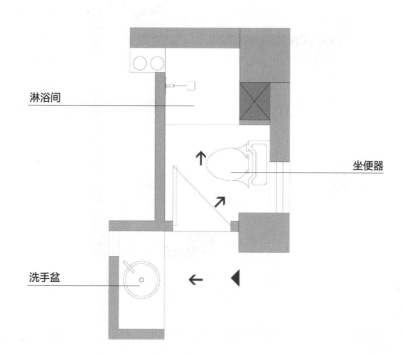

淋浴间

坐便器

洗手盆

改造后
破解法 **B**

较之 A 方案，整体格局更注重私人领地的设计。以两人的办公、娱乐需求为主要考量因素，削弱社交功能。

**不同之处 1**
**胶囊式卫生间**

卫生间入口面朝卧室，将动线缩短到极限，弧面墙体的设计让胶囊式盥洗空间更显精致小巧。

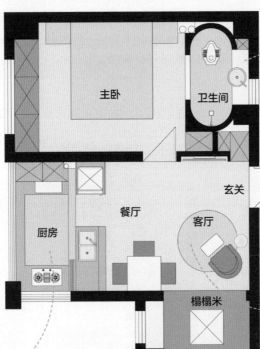

**不同之处 2**
**客厅与餐厅互换位置**

互换位置后，打开折叠餐桌，配合榻榻米，可供多人用餐或玩桌游。

**不同之处 3**
**将阳台改为厨房**

灶具距离原厨房烟道不超过3000 mm。水槽位于岛台处，采用移门，有效阻隔油烟；冰箱与洗衣机统一嵌入柜中。

**不同之处 4**
**将原厨房改为多功能区**

将原厨房改成榻榻米多功能区，中间是升降桌，这里既是书房，又可以作为客厅沙发长榻。看电视的距离更远、更健康。

# 重要功能区改造要素

**核心功能实现**

◆ (空间特点) 以夫妻两人的私密空间的舒适度为主要考量因素。

◆ (家具设置) 活动家具选宽大款式，床架长 2250 mm，宽 1950 mm。衣柜位于窗台边，利用卫生间与卧室的墙面凹陷处定制柜体，收纳长款衣物。在玄关处，则利用与卫生间的墙壁凹陷处做鞋柜与衣柜。

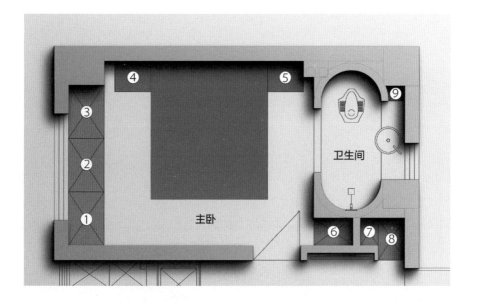

**家具尺寸参考**

① ② ③ 衣柜（均长 850 mm，深 600 mm，高 700 mm）

④ ⑤ 床头柜（均长 550 mm，深 600 mm，高 600 mm）

⑥ 衣柜（长 450 mm，深 600 mm，高到顶）

⑦ 衣柜（暗格）（长 450 mm，深 300 mm，高到顶）

⑧ 衣柜 / 鞋柜（长 500 mm，深 700 mm，高到顶）

⑨ 砖砌壁龛（长 280 mm，深 250 mm，高 1200 mm）

## 第4号家

# 厨房位于房屋正中间，利用十字形动线打造亲子互动区

## 餐厅换位置，秒变游戏场

痛点二

格局太凌乱，动线走不顺

| 套内面积：75 m² | 位置：电梯公寓楼31层中间户 | 户型：3室2厅1卫 |

　　该户型呈多边形。阳台朝南，是主要的通风、采光面。房屋两处角落可见承重柱。设计以满足一家三口日常的生活需求为主。孩子年纪小，玩具、读物较多，业主希望有开阔明亮的亲子活动区和充足的收纳空间。

**? 改造前问题**

**问题1 卧室偏小**
虽有三间卧室，但是其中两间卧室仅能满足基本的休息功能，无多余的活动空间，生活体验感差。

**问题2 无亲子区**
客餐厅仅能满足家庭日常使用需求，没有孩子的专用活动空间。

**问题3 封闭空间较多**
原始格局紧凑，功能拓展的可能性小。

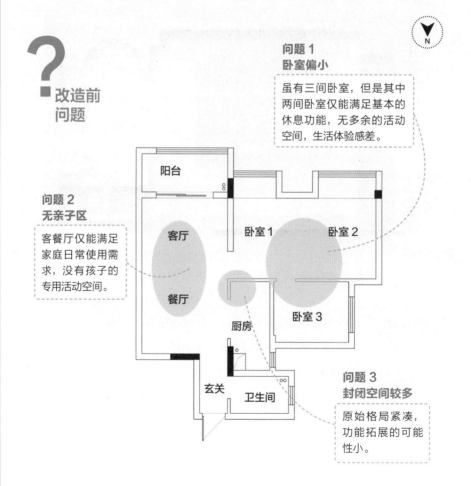

阳台　客厅　餐厅　卧室1　卧室2　卧室3　厨房　玄关　卫生间　N

**改造后破解法 A**

拆除非承重墙，结合业主需求，重新规划格局。利用十字形动线明确动静分区，动区以餐厅岛台为中心，与客厅、亲子区联动交互。

**破解 3**
**以餐厅岛台为活动中心**

扩充餐厅、厨房的面积，增加储藏功能，使用双开门冰箱。餐厅拥有西厨岛台和大餐台。客厅、餐厅、亲子区之间无墙体阻隔，三个空间交互融洽。

**破解 1**
**重新规划卧室格局**

保留两间独立卧室，每间卧室都实现了休息、阅读、收纳三种功能。家具采用活动家具结合定制柜体设计。

**破解 2**
**将原客厅做亲子区**

打通采光最佳的阳台，与原客厅合并，整合为亲子区，设置收纳柜，储藏玩具、书籍等。搭配四人圆桌，孩子与在西厨操作的父母交流顺畅。

# 重要功能区改造要素

**1 空间尺度把控**

◆ 客餐厅 　入户通道宽 960 mm，客厅、餐厅、亲子区主通道宽 1000 mm。电视背景墙到沙发背景墙之间的距离约 3550 mm。以亲子区为中心，活动范围向四周拓展。

◆ 厨　房 　主通道宽约 1000 mm，利用与次卧的相邻隔墙的凹凸变化，嵌入双开门冰箱与壁柜。

◆ 卫生间 　主通道宽 900 mm，淋浴间长 1260 mm，宽 830 mm，利用包水管的凹陷墙面做壁龛。

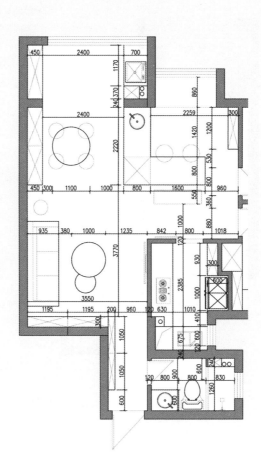

**收纳规划布局**

◆ （厨 房） 厨具选常规尺寸，采用谷仓门，占地面积小，与餐厅家具风格统一。

◆ （餐 厅） 西厨岛台＋大桌台＋高柜。岛台深度与餐桌宽度均为800 mm。单盆水槽可在亲子区使用；餐桌外侧搭配长条凳，内侧搭配圆形餐椅，氛围轻松。

◆ （亲子区） 将洗衣机等设备藏于家政柜内。

---

**功能动线优化**

◆ （功 能） 在次卧，利用新砌墙体的凹凸变化，根据使用功能嵌入深度不同的柜体，确保立面方正规整。结合自然光的照射方向和书写习惯，将书桌设置在榻榻米旁。

◆ （动 线） 入口、书柜、书桌、睡榻围合成十字形，紧凑高效。

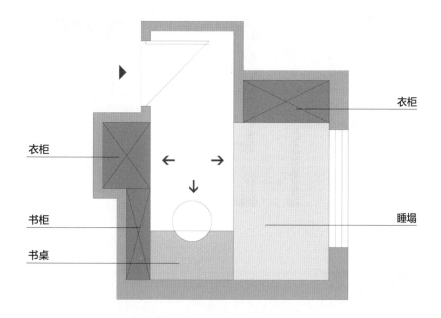

衣柜

衣柜

书柜

书桌

睡塌

改造后
破解法 B

较之 A 方案，整体格局更适合大龄儿童家庭，客餐厅呈分离式格局，卧室全部在南面，亲子区可作为书房或客房，十字形动线串联起多种功能区。

**不同之处 1**
**亲子区功能更丰富**

将亲子区与原阳台打通，与客厅之间增加全折叠式推拉玻璃门隔断。这里是全屋采光、通风最佳的位置，两侧墙面的收纳功能强大，适合大龄孩子阅读、玩桌游等；后期可改造成独立书房。

**不同之处 4**
**独立餐厅氛围更宁静**

餐厅与厨房背对客厅，餐厅在原西向的卧室位置，采光、通风良好，空间氛围宁静，用餐更有仪式感。

**不同之处 2**
**客厅的立面效果更整体**

客厅沙发背景墙做整体定制收纳柜，立面效果更统一。

**不同之处 3**
**整合玄关和卫生间功能**

卫生间与厨房相邻，将墙壁往厨房方向移动，形成约 900 mm 见方的淋浴空间。洗手台旁是洗衣机等设备，两扇窗户让卫生间到玄关的通风与采光更好。

# 重要功能区改造要素

**核心功能实现**

◆ (空间特点) 玄关设计结合了卫生间干区功能与收纳柜体的规划，入户动线更便利，且走道的空间使用效率更高。

◆ (家具设置) 后期可将采光最好的亲子区改造为书房，书房拥有超大书桌和超强的收纳功能区。

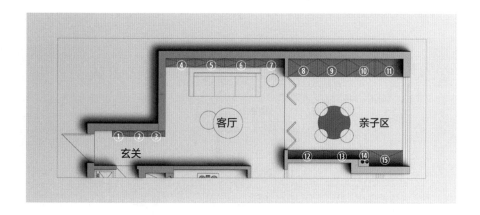

**家具尺寸参考**

①②③ **收纳柜**（均长 600 mm，深 200 mm，高到顶）

④⑤⑥⑦ **沙发背景收纳柜**（均长 1000 mm，深 300 mm，高到顶）

⑧⑨⑩⑪ **收纳柜**（均长 980 mm，深 600 mm，高到顶）

⑫⑬ **书柜**（均长 1185 mm，深 300 mm，高到顶）

⑭ **书架**（长 370 mm，宽 300 mm）

⑮ **台下收纳矮柜**（长 1180 mm，深 530 mm，高到顶）

# 第5号家

# 异型两居室餐厅在过道，
# 利用 Y 形动线提升用餐品质

## 过道利用好，居住更舒适

| 套内面积：72 m² | 位置：电梯公寓楼 30 层边户 | 户型：2 室 2 厅 1 卫 |

这是一套毛坯新房，户型呈缺角梯形，南面、西面与北面是主要的通风、采光面，其中南面受光面最大。该房屋作为单亲家庭在近 5 ~ 10 年内的居所，以母女二人的日常生活需求为主，偶有朋友在家中小聚。未来业主可能会养一只猫，需预留宠物空间。

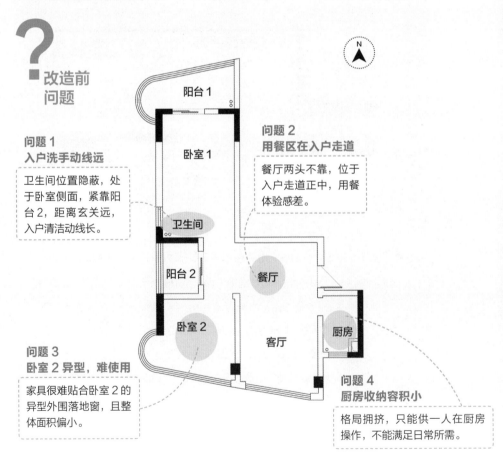

**改造前问题**

**问题 1**
**入户洗手动线远**

卫生间位置隐蔽，处于卧室侧面，紧靠阳台 2，距离玄关远，入户清洁动线长。

**问题 2**
**用餐区在入户走道**

餐厅两头不靠，位于入户走道正中，用餐体验感差。

**问题 3**
**卧室 2 异型，难使用**

家具很难贴合卧室 2 的异型外围落地窗，且整体面积偏小。

**问题 4**
**厨房收纳容积小**

格局拥挤，只能供一人在厨房操作，不能满足日常所需。

改造后
破解法 **A**

减少非必要的房间格局，合并使用功能，在餐厅附近增加西厨，补充收纳容积。

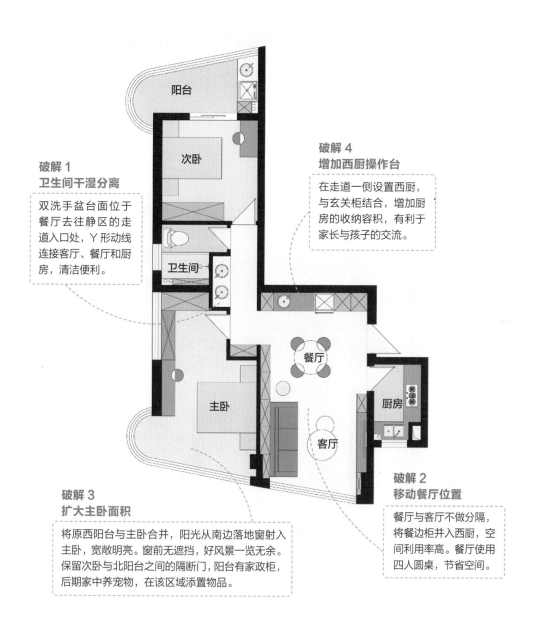

**破解 1**
**卫生间干湿分离**

双洗手盆台面位于餐厅去往静区的走道入口处，Y形动线连接客厅、餐厅和厨房，清洁便利。

**破解 4**
**增加西厨操作台**

在走道一侧设置西厨，与玄关柜结合，增加厨房的收纳容积，有利于家长与孩子的交流。

**破解 3**
**扩大主卧面积**

将原西阳台与主卧合并，阳光从南边落地窗射入主卧，宽敞明亮。窗前无遮挡，好风景一览无余。保留次卧与北阳台之间的隔断门，阳台有家政柜，后期家中养宠物，在该区域添置物品。

**破解 2**
**移动餐厅位置**

餐厅与客厅不做分隔，将餐边柜并入西厨，空间利用率高。餐厅使用四人圆桌，节省空间。

# 重要功能区改造要素

**空间尺度把控**

◆ （客餐厅） 入户开阔，客餐厅在同一空间，宽度约 6500 mm，纵深约 3500 mm，无任何分隔，主通道宽度保持在 800 mm 以上。从餐厅去往卫生间的通道宽度为 900 mm。电视背景墙到沙发靠背的距离约为 3200 mm。

◆ （厨　房） 采用 L 形橱柜，通道宽度保持在 900 mm 以上。

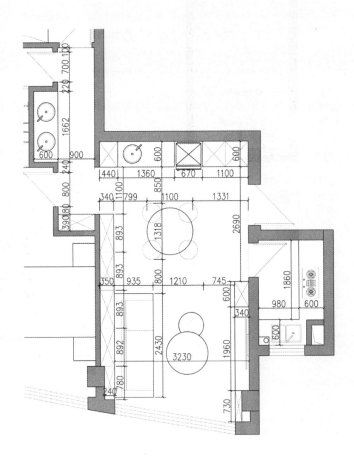

收纳
规划
布局

◆ （餐　厅） 餐桌＋西厨地柜＋高柜。在西厨柜体中嵌入冰箱、单盆水槽，可采用最大直径约 1100 mm 的圆形餐桌，容纳多人用餐的同时，保持四周走道通畅。

◆ （客　厅） 沙发背景高柜＋电视矮柜＋收纳柜。定制高柜与矮台搭配，空间更有层次。

◆ （厨　房） L 形地柜结合一字形吊柜。地柜深 600 mm，吊柜深 350 mm。

功能
动线
优化

◆ （功　能） 充分利用走道空间，打造拥有双台盆的干湿分离卫生间；淋浴间尺度宽松，也可在淋浴间放置独立浴缸，横向的砖砌壁龛让空间更显大。

◆ （动　线） 洗手盆处于房屋功能区中间，无论从卧室还是客餐厅到达这里，都十分便利。

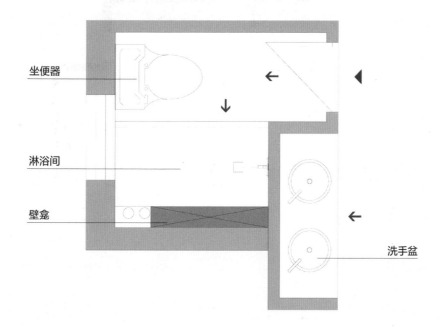

坐便器

淋浴间

壁龛

洗手盆

改造后
破解法 **B**

较之 A 方案，整体设计更偏重收纳功能。考虑更长远的居住需求，充分利用空间容积，定制更多柜体。

**不同之处 1**
**卫生间布局合理**

利用相邻隔墙的凹凸变化，巧妙嵌入洗手台，与坐便器、淋浴间形成高效的三角动线。为了节省空间，入口采用平移式推拉门。

**不同之处 2**
**餐厅可以容纳更多人就餐**

餐厅采用卡座式沙发，搭配长 1400 mm，宽 800 mm 的长方形餐桌，区域更宽敞，后期可增加座位，最多容纳 6 人同时用餐。

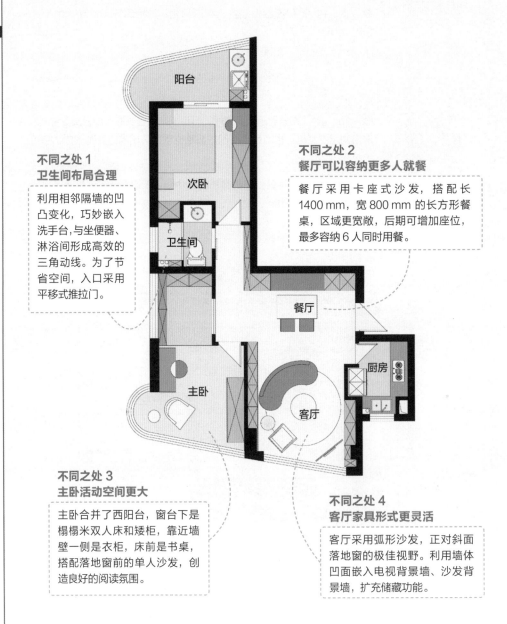

**不同之处 3**
**主卧活动空间更大**

主卧合并了西阳台，窗台下是榻榻米双人床和矮柜，靠近墙壁一侧是衣柜，床前是书桌，搭配落地窗前的单人沙发，创造良好的阅读氛围。

**不同之处 4**
**客厅家具形式更灵活**

客厅采用弧形沙发，正对斜面落地窗的极佳视野。利用墙体凹面嵌入电视背景墙、沙发背景墙，扩充储藏功能。

# 重要功能区改造要素

**核心功能实现**

◆ (空间特点) 将西阳台并入主卧，扩大卧室面积。可以打开西阳台窗户通风，也可关闭窗户便于休息，好风景在床头。

◆ (家具设置) 在定制榻榻米床铺一侧的新砌墙体上开室内窗，采用透光不透影的隔声材质，改善过道和餐厅采光。临近南边落地窗，挨着书桌设置阅读角，视野极佳。

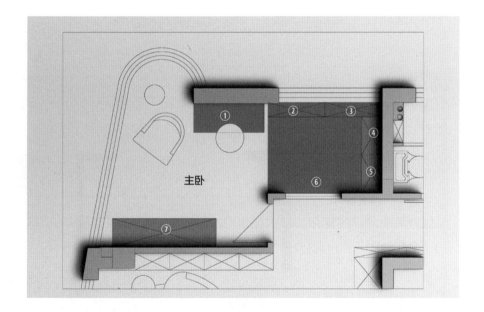

主卧

**家具尺寸参考**

① 书桌（长 1500 mm，宽 600 mm，高 750 mm）

②③ 窗下矮柜（均长 1250 mm，深 300 mm，高 450 mm）

④⑤ 收纳柜（均长 790 mm，深 450 mm，高到顶）

⑥ 榻榻米床榻（长 2050 mm，宽 1580 mm，高 450 mm）

⑦ 衣柜（长 2200 mm，深 600 mm，高到顶）

# 第6号家

# 商用房改民用住宅，利用岛形动线拯救没有阳光的客厅

## 照顾孩子就得视线无阻隔

套内面积：78 m² | 位置：电梯公寓楼11层边户 | 户型：2室2厅1卫

房子户型偏正方形，东南面是主要的通风、采光面，西北面朝楼栋中庭有一扇窗。男女主人目前共同创业，经常将工作带回家。孩子即将上小学，两人希望在居家办公的同时能照顾孩子，并有一定的亲子互动空间。

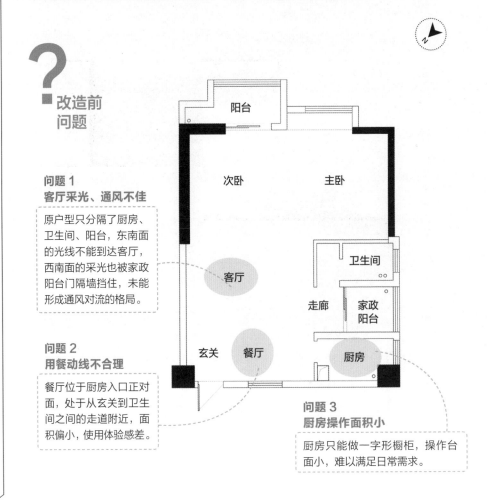

**改造前问题**

**问题 1**
**客厅采光、通风不佳**

原户型只分隔了厨房、卫生间、阳台，东南面的光线不能到达客厅，西南面的采光也被家政阳台门隔墙挡住，未能形成通风对流的格局。

**问题 2**
**用餐动线不合理**

餐厅位于厨房入口正对面，处于从玄关到卫生间之间的走道附近，面积偏小，使用体验感差。

**问题 3**
**厨房操作面积小**

厨房只能做一字形橱柜，操作台面小，难以满足日常需求。

**改造后破解法 A**

调整临近阳台的卧室位置，改善客厅采光、通风；整合功能，以客餐厅为公共区域的中心，设置大餐桌，以岛形动线聚拢功能区。

**破解 1**
**客厅改位**

将客厅与阳台相连，客厅拥有东南面的直接光线，通风对流良好。

**破解 2**
**餐厅改位**

餐厅与客厅相邻，位于厨房正前方。在餐厅设置一张大餐台，方便业主临时办公，与孩子一起学习。

**破解 3**
**厨房改位**

将厨房改到玄关附近，同时改变其入口方向，这样玄关得以形成门厅，增加收纳容积。此外，餐厨动线与入户动线不交叉。

# 重要功能区改造要素

◆ （玄 关） 玄关通道宽度在 1000 mm 以上，两侧做收纳柜。进入餐厅之前需要过一个门洞，更有仪式感。

◆ （餐 厨） 餐厅主通道宽度在 1200 mm 以上，餐桌两侧收好餐椅后通道宽度至少在 600 mm 以上。厨房门宽 1600 mm，内通道宽至少在 1000 mm 以上，冰箱门开启时不影响后方操作灶具的人。

◆ （客 厅） 电视背景墙距沙发靠背之间的距离约 3350 mm，沙发背景墙长约 4000 mm。

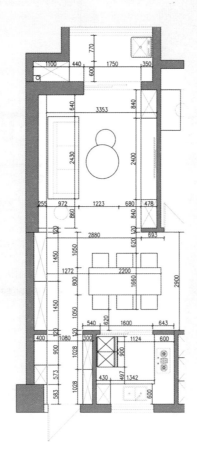

收纳
规划
布局

◆ （ 玄　关 ）两侧鞋柜 + 卡座式收纳矮柜。矮柜上铺软垫，上方墙面上安装有镜面。

◆ （ 客　厅 ）收纳柜 + 层板架 + 电视柜。客厅电视背景墙处可定制两个宽约 800 mm 的收纳柜。

◆ （ 阳　台 ）利用角落空当做储藏空间，深 1100 mm，可收纳架梯、折叠自行车等。

功能
动线
优化

◆ （ 功　能 ）榻榻米床铺与书桌、高低柜组合，收纳孩子的衣物、玩具、书籍。两扇窗户可保证良好的采光、通风，房间温暖明亮。

◆ （ 动　线 ）室内十字形动线方便快捷，收纳规划井井有条。在餐厅办公的业主距离次卧比较近，能同时照看孩子。

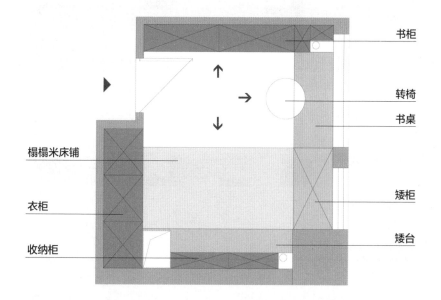

书柜

转椅

书桌

矮柜

矮台

榻榻米床铺

衣柜

收纳柜

**改造后破解法 B**

较之 A 方案，客餐厅立面效果更整体，功能区边界更规整，空间更显宽敞大气。

**不同之处 1**
**拥有复合功能的客厅**

打通客厅与阳台，增加活动书架，形成阅读区。设置投影幕布，沙发选用小巧型，撤掉茶几，铺上游戏毯，亲子互动更轻松。

**不同之处 2**
**在餐厅定制卡座，丰富储物空间**

餐厅采用卡座设计（内部储物），搭配背后的收纳柜、大桌台或岛台，可容纳至少 6 人用餐。卡座对面是壁挂电视机，可开视频会议。

**不同之处 3**
**开敞式玄关**

玄关无独立门厅，使用矮隔断与餐厅之间做分隔，实现空气对流，入户通透敞亮。

**不同之处 4**
**在卫生间设置双洗手盆**

拉齐厨房、卫生间和次卧的外墙，整体立面效果更有气势。卫生间拥有双洗手盆，三人使用更加从容，洗衣机等放在卫生间干区，释放阳台面积。

# 重要功能区改造要素

核心功能实现

◆ （空间特点） 客餐厅是家人最常待的场地，用餐、办公、阅读、进行亲子游戏等，可容纳多人使用，有强大的储物功能。

◆ （家具设置） 以卡座餐厅为功能中心，向四周辐射，选配小巧精致的家具，层次丰富，中和墙面平直造型的板正感，增加空间趣味。

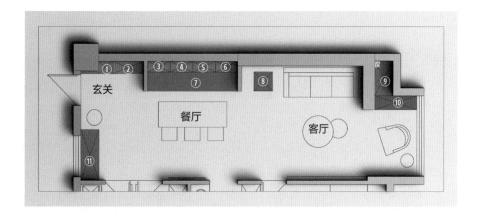

家具尺寸参考

①② 收纳柜（均长 450 mm，深 400 mm，高到顶）

③④⑤⑥ 卡座背后收纳柜（均长 725 mm，深 350 mm，高 450 mm）

⑦ 卡座（下方可储物）（长 2900 mm，深 600 mm，高 450 mm）

⑧ 旋转式独立活动书架（长 600 mm，宽 600 mm，高 1600 mm）

⑨ 储藏空间（深 1100 mm，无柜体，仅有柜门）

⑩ 活动书架（长 1200 mm，宽 400 mm，高 900 mm）

⑪ 窗下收纳矮柜（长 1600 mm，深 600 mm，高 900 mm）

# 第7号家

# 住宅兼顾商用功能，山字形动线衍生复合高效空间

## 为美食博主的精彩生活点赞！

**套内面积：85 m²** | **位置：电梯公寓楼 26 层中间户** | **户型：3 室 2 厅 2 卫**

该户型偏长方形，客厅与主卧朝南，唯一的阳台在主卧，南面是主要的通风、采光面。改造以满足一家三口的日常生活需求为主。女主人兼职做线下烘焙教学，希望客餐厅具备烘焙教学、才艺展示的功能。

**? 改造前问题**

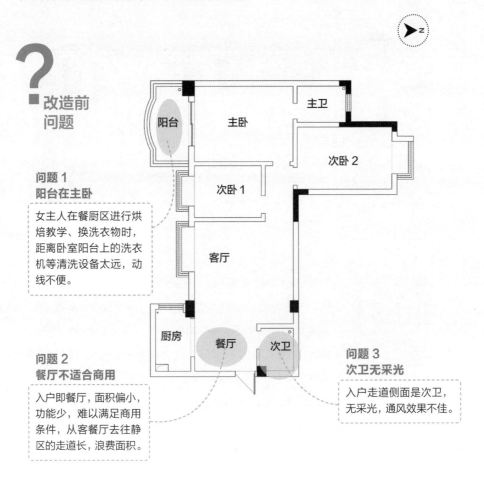

**问题 1**
**阳台在主卧**

女主人在餐厨区进行烘焙教学、换洗衣物时，距离卧室阳台上的洗衣机等清洗设备太远，动线不便。

**问题 2**
**餐厅不适合商用**

入户即餐厅，面积偏小，功能少，难以满足商用条件，从客餐厅去往静区的走道长，浪费面积。

**问题 3**
**次卫无采光**

入户走道侧面是次卫，无采光，通风效果不佳。

改造后
破解法 A

商用目的是客餐厅的核心需求，尽可能集中相关功能到固定区域，预留足够的通道宽度，定制柜体以组合形式灵活布局。

**破解 1**
**卫生间干湿分离**

在卫生间干区设置洗衣机，便于私人衣物的清洁，距离阳台较近，能近距离晾晒衣物，动线更加合理。

**破解 2**
**客餐厅集成功能**

合并客餐厅，山字形动线实现线下教学功能。西厨岛台上方带挂架，收纳烘焙器具。在走道一侧设置投影幕布，展示烘焙成果。餐桌可用于亲子活动、工作、阅读。烤箱隐藏在柜体内，与西厨和教学区的距离均等。

**破解 3**
**将次卫改成储藏室**

储藏室外用谷仓门，扩充鞋子、衣帽、清洁用品的收纳容积。结合原上下水管的位置，在柜内隐藏小型洗衣机，作为商用后勤空间。

# 重要功能区改造要素

<table>
<tr><td rowspan="3">
空间<br>尺度<br>把控
</td></tr>
</table>

◆ （客餐厅） 为满足女主人线下教学烘焙小班课（3~5人）的需求，确保走道宽 900 mm 以上，最大通道宽 1800 mm，上课不拥挤。

◆ （西 厨） 处于房屋动区中心，是山形动线的核心位置，外围三面走道宽 1300 mm 以上，内部走道宽 800 mm。

◆ （储藏室） 内部最小宽度是 725 mm，适宜一人操作藏于柜内的小型洗衣机。

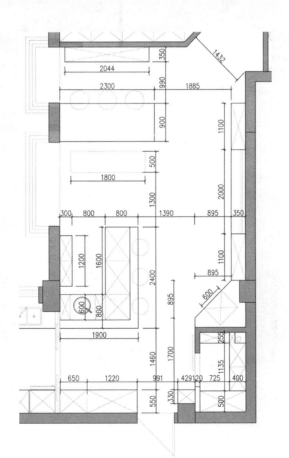

**收纳规划布局**

◆ （玄　关） 收纳高柜＋储藏室。收纳高柜由深 550 mm 的柜子和深 330 mm 的薄柜组成。

◆ （客餐厅） 大桌台＋收纳柜＋电视柜＋展示架。桌台长 2300 mm，宽 900 mm，搭配圆椅与条凳，四周分布着装饰架、收纳柜。烤箱设备在定制柜内预留宽裕的散热空间。

◆ （西　厨） 高柜＋L 形大岛台。岛台长边长 2400 mm，短边长 1900 mm，进深 800 mm，搭配 3 个圆凳。

**功能动线优化**

◆ （功　能） 洗衣机在洗手盆旁边，上方可叠放烘干机。在入口左侧墙壁上加装电热毛巾架。采用透光不透人的玻璃吊轨门，改善家政区采光。

◆ （动　线） 将洗衣机等设备放在卧室附近，缩短晾晒动线。

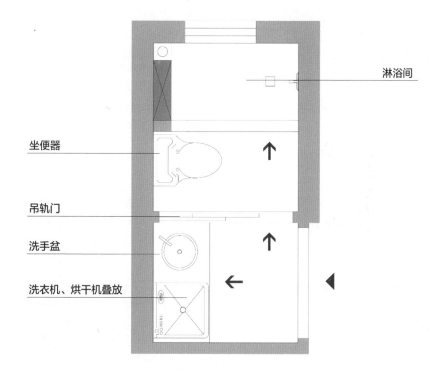

淋浴间

坐便器

吊轨门

洗手盆

洗衣机、烘干机叠放

## 改造后破解法 B

较之 A 方案,整体设计更注重客餐厅立面的趣味性效果。在走道一侧定制异型柜体,作为客餐厅的背景墙造型,烘托氛围。

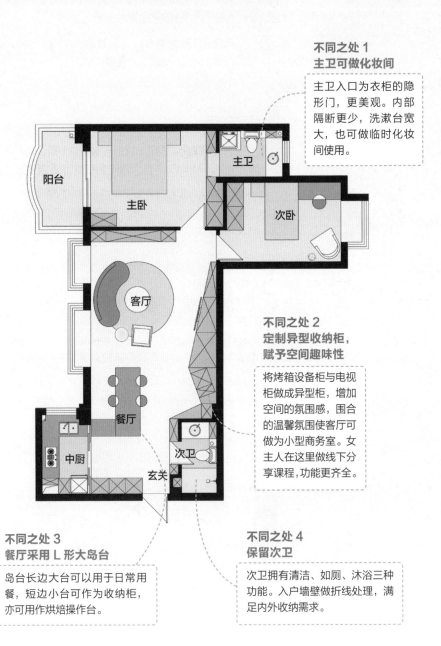

**不同之处 1**
**主卫可做化妆间**

主卫入口为衣柜的隐形门,更美观。内部隔断更少,洗漱台宽大,也可做临时化妆间使用。

**不同之处 2**
**定制异型收纳柜,赋予空间趣味性**

将烤箱设备柜与电视柜做成异型柜,增加空间的氛围感,围合的温馨氛围使客厅可做为小型商务室。女主人在这里做线下分享课程,功能更齐全。

**不同之处 3**
**餐厅采用 L 形大岛台**

岛台长边大台可以用于日常用餐,短边小台可作为收纳柜,亦可用作烘焙操作台。

**不同之处 4**
**保留次卫**

次卫拥有清洁、如厕、沐浴三种功能。入户墙壁做折线处理,满足内外收纳需求。

# 重要功能区改造要素

核心
功能
实现

◆ (空间特点) 格局方正，动线简洁，使用功能灵活。

◆ (家具设置) 客厅采用异型柜体，增加空间的趣味性，收纳容积更大。蒸箱和烤箱设备正对餐厅中岛，使用便利。电视机挂在斜面柜子的居中位置，弧边形沙发搭配圆形茶几，空间更显灵动。

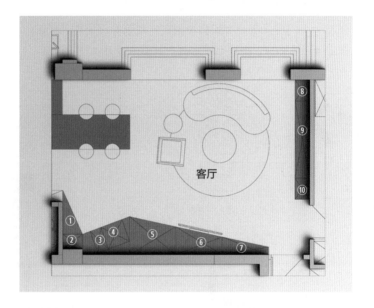

家具
尺寸
参考

① 展示柜（长 1100 mm，最深处约 500 mm，高到顶）

② 非常用物品柜（长 500 mm，深 380 mm，高到顶）

③ 展示柜（长 300 mm，深 600 mm，高到顶）

④ 烤箱设备柜（长 600 mm，深 600 mm，高到顶，预留出气口）

⑤ 收纳柜（长 1200 mm，平均深 800 mm，高到顶）

⑥ 收纳柜（内嵌电视机）（长 1200 mm，平均深 550 mm，高到顶）

⑦ 展示柜（长 1200 mm，平均深 350 mm，高到顶）

⑧⑩ 展示柜（长 550 mm，深 400 mm，高到顶）

⑨ 收纳柜（长 2000 mm，深 400 mm，高到顶）

第8号家

# 房间虽多却分散，通道七弯八拐，以洄游动线凝聚一家人

## 重组格局，能拆的墙全拆光！

套内面积：102 m²　位置：电梯公寓楼15层中间户　户型：3室3厅2卫

　　房子户型稍显方正，东南面和西北面是主要的采光面。除了客厅、餐厅，还有一个门厅。房屋中间有承重墙，角落有承重柱。改造以满足一家三口的日常生活需求为主，同时兼顾家庭成员的兴趣爱好，如阅读、品茗等。

**?** 改造前问题

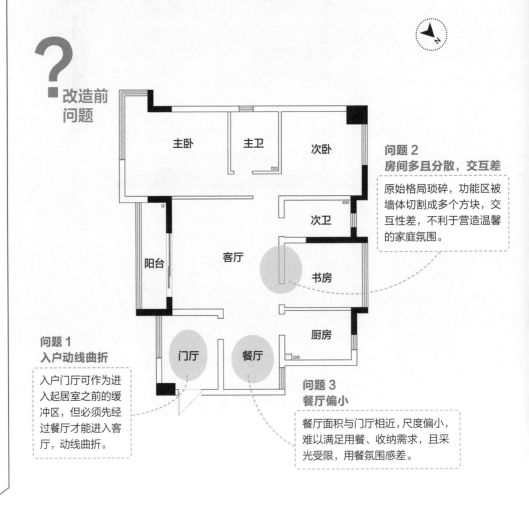

**问题2
房间多且分散，交互差**

原始格局琐碎，功能区被墙体切割成多个方块，交互性差，不利于营造温馨的家庭氛围。

**问题1
入户动线曲折**

入户门厅可作为进入起居室之前的缓冲区，但必须先经过餐厅才能进入客厅，动线曲折。

**问题3
餐厅偏小**

餐厅面积与门厅相近，尺度偏小，难以满足用餐、收纳需求，且采光受限，用餐氛围感差。

改造后
破解法 A

打破原始格局，重组功能区。动区以及多功能区能不砌墙就不砌墙，动区以餐桌为中心，绕以洄游动线，凝聚一家人。

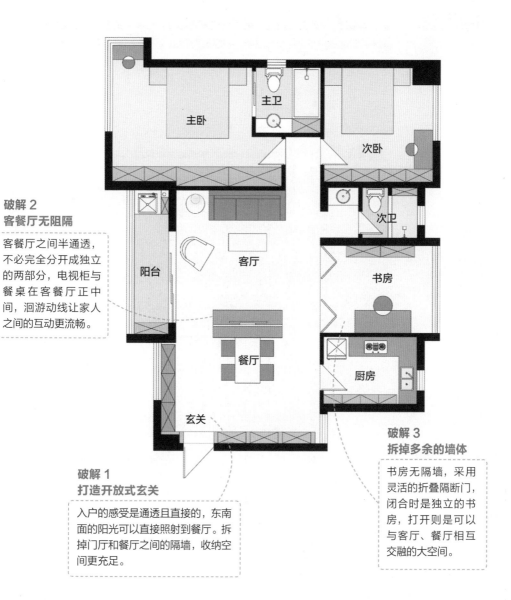

**破解 2**
**客餐厅无阻隔**

客餐厅之间半通透，不必完全分开成独立的两部分，电视柜与餐桌在客餐厅正中间，洄游动线让家人之间的互动更流畅。

**破解 1**
**打造开放式玄关**

入户的感受是通透且直接的，东南面的阳光可以直接照射到餐厅。拆掉门厅和餐厅之间的隔墙，收纳空间更充足。

**破解 3**
**拆掉多余的墙体**

书房无隔墙，采用灵活的折叠隔断门，闭合时是独立的书房，打开则是可以与客厅、餐厅相互交融的大空间。

# 重要功能区改造要素

◆ （玄 关） 入户有约 7600 mm 的进深，开阔敞亮；玄关与餐厅之间的走道宽约 1500 mm，拥有东南与西北两面采光。

◆ （客餐厅） 玄关、客厅、餐厅形成洄游动线，让家人的互动更为通畅。餐厅与厨房的动线短，十分便利。客厅拥有超过 4000 mm 长的中心视距。

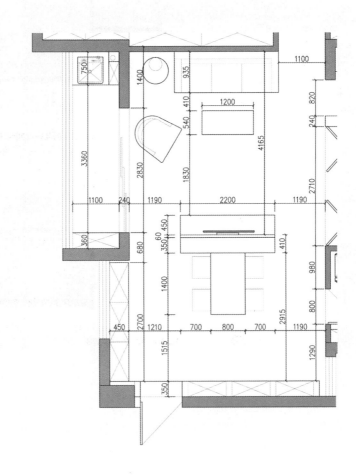

**收纳规划布局**

◆ （玄 关） 与窗台等高的鞋柜，长2700 mm，深450 mm，也可降低高度，铺软垫做带储藏功能的鞋凳柜。

◆ （客餐厅） 电视柜 + 半通透隔断 + 餐桌 + 高低柜组合。透过电视机背后的半通透隔断，餐厅高柜作为最远处的背景墙，既有收纳功能，也能起到烘托氛围的作用。

◆ （阳 台） 将洗衣机藏于收纳柜内，柜体长1100 mm，深750 mm，高到顶。

---

**功能动线优化**

◆ （功 能） 主卫坐便器靠近窗户，通风良好。由右侧推拉门进出，左侧门可做成固定隔断，避免尴尬。利用卫生间2000 mm的横向宽幅，放置1600 mm长浴缸，一旁刚好做砖砌壁龛。

◆ （动 线） 卫生间呈正方形，从入口到洗手盆、坐便器、淋浴间均为最短直线距离。

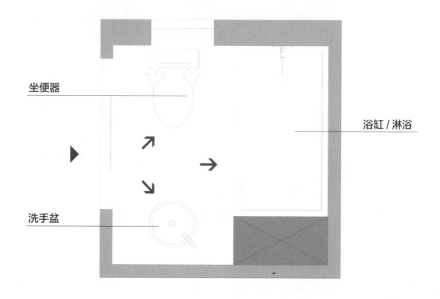

坐便器

浴缸 / 淋浴

洗手盆

# 改造后 破解法 B

较之 A 方案，以一家人的兴趣爱好为主要设计点，打造个性化空间。女主人喜欢品茗，设置独立茶室；男主人喜欢看电影，在客厅做投影幕布。

**不同之处 1**
**将家政间设置在西北阳台**

餐厨空间格局更紧凑，使用便利。家政间在西北面，洗衣机、烘干机可以避免阳光的直射，噪声也不会影响到客厅。

主卧

主卫

次卧

花池

次卫

观景区

客厅

餐厅

家政间

茶室

厨房

玄关

**不同之处 2**
**更有格调的客厅设计**

客厅采用围合式弧形布局，电视机立架在角落，正面收纳柜可加装投影幕布，沙发、茶几均选用圆弧形状，更灵巧轻盈。

**不同之处 3**
**打造独立玄关，入户更有仪式感**

在进门右侧定制高柜（进深为600 mm），丰富收纳空间；高柜对面是高450 mm的坐凳，符合人体工学，使用更舒适。

**不同之处 4**
**多功能茶室妙趣多**

茶室为多功能区，特别选用折叠隔断门，完全打开时可以获得良好的采光。这里也可以做书房、琴房、游戏房。

# 重要功能区改造要素

**核心功能实现**

◆ 空间特点 将原餐厅、阳台改为开放式多功能茶室、观景区。

◆ 家具设置 独立玄关收纳功能强大，考虑业主的回家动线，对换鞋与更衣的顺序做出科学规划。客厅呈围合式布局，采用弧形家具搭配弧形造型墙面，一家人交流更顺畅。

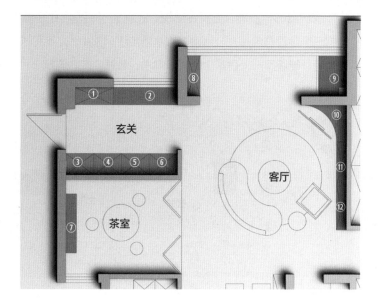

**家具尺寸参考**

① 常用鞋柜（长 1000 mm，深 450 mm，高到顶）

② 座凳（下方可储物）（长 1800 mm，深 450 mm，高 450 mm）

③④⑤⑥ 收纳柜（均长 750 mm，深 600 mm，高到顶）

⑦ 成品装饰柜（长 1600 mm，深 300 mm，高 1600 mm）

⑧ 宠物物品柜（长 1100 mm，深 350 mm，高到顶）

⑨ 花池（长 1100 mm，宽 800 mm，高 350 mm）

⑩ 造型背景（半径 1000 mm，弦长 1400 mm，高到顶）

⑪⑫ 收纳柜（均长 1200 mm，深 280 mm，高到顶）

痛点三

空间功能少，房间不够用

第9号家

# 四方大通间，一居室没有客餐厅，客人来了往哪儿坐？

平时一个人，
周末朋友聚会的时尚青年之家

| 套内面积：28 m² | 位置：电梯公寓楼19层中间户 | 户型：1室0厅1卫 |

该户型偏长方形，呈黄金比例。卧室窗户朝南，是主要的通风、采光面。房屋三个角落有承重柱，烟道、排水管位于房屋中央，不可改动。业主希望格局改造后，能满足一人日常生活起居需求，兼顾会友、电竞、烘焙、阅读等功能。

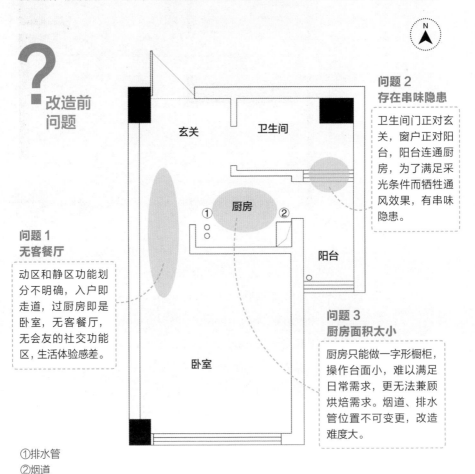

**?** 改造前问题

**问题1　无客餐厅**

动区和静区功能划分不明确，入户即走道，过厨房即是卧室，无客餐厅，无会友的社交功能区，生活体验感差。

**问题2　存在串味隐患**

卫生间门正对玄关，窗户正对阳台，阳台连通厨房，为了满足采光条件而牺牲通风效果，有串味隐患。

**问题3　厨房面积太小**

厨房只能做一字形橱柜，操作台面小，难以满足日常需求，更无法兼顾烘焙需求。烟道、排水管位置不可变更，改造难度大。

玄关　卫生间　厨房　①②　阳台　卧室

①排水管
②烟道

改造后
破解法 A

整合会友、阅读、电竞功能区，利用柜子做烘焙区。贴合建筑墙体尺寸，全房收纳柜以定制为主。

**破解 1**
**拓展玄关面积，形成客餐厅**

结合原排水管位置，重组玄关过道的畸零空间，放置具有收纳功能的卡座，整合玄关、客餐厅功能，与卧室分开，成为两个独立的空间，动静分区明确。

**破解 2**
**调整卫生间入口位置**

为杜绝入户异味隐患，调整卫生间入口的位置，正对原厨房烟道墙壁。卫生间内有序布置洗手盆、淋浴间、洗衣机、烘干机。晾晒可利用卧室朝南的采光，临时使用折叠式晾衣架。

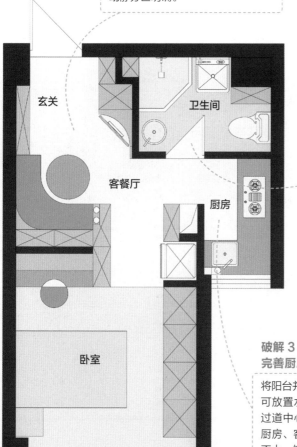

**破解 3**
**完善厨房功能，动线更高效**

将阳台并入厨房后，厨房呈L形动线，可放置水槽和燃气灶。冰箱位于房屋过道中心，既节省空间，又能保证从厨房、客餐厅、卧室的动线距离差别不大，使用便利。

# 重要功能区改造要素

空间
尺度
把控

◆ 客餐厅 入户通道宽约 1200 mm，去往厨房的走道宽 800 mm，去往卧室的走道宽约 970 mm，电视机到沙发弧面位置的距离约 2400 mm。

◆ 厨 房 因建筑及功能需求局限，厨房内走道宽 600 mm，无门扇，门洞宽 800 mm。灶台和水槽呈 90° 夹角，操作更高效。

◆ 卧 室 走道最小宽度是 660 mm，适宜一人通过。

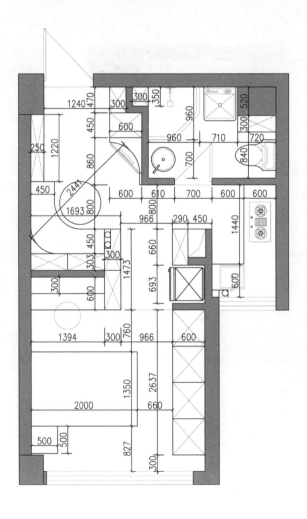

**收纳规划布局**

◆（玄　关）其中一侧的高柜由 300 mm 深的薄柜和 600 mm 深的厚柜组成。

◆（客餐厅）卡座式弧形沙发＋圆形桌台＋沙发背景柜，背景柜的进深约为 300 mm。

◆（卧　室）衣柜＋床头柜＋书桌＋书架。衣柜长约 2600 mm，深 600 mm；书桌长约 1400 mm，宽 600 mm，高 750 mm，上方是同等长度、宽 300 mm 的书架。

- - - - - - - - - - - - - - - - - - - - - - - - - - - - - - - - - - - - - - - - - - - - - - - - - - - - - - - - - - - - - - - - - - - - - - - - - - -

**功能动线优化**

◆（功　能）弧形电视背景与卡座沙发整合了客餐厅功能，满足会友、电竞、烘焙等需求。

◆（动　线）入户走道曲折，不仅柔和了走道转折的生硬感，还能规避入户即见卧室的尴尬，保护隐私。

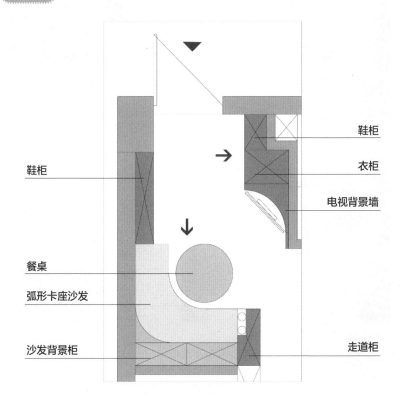

鞋柜

衣柜

电视背景墙

鞋柜

餐桌

弧形卡座沙发

沙发背景柜

走道柜

改造后
破解法 **B**

较之 A 方案，整体格局更开敞通透。以客餐厅（动区）为社交中心，与卧室（静区）分隔明确。

**不同之处 1**
**社交功能突出的客餐厅**

玄关右侧的柜子除了有收纳作用，还是餐厅的背景装饰。客厅采用卡座式沙发，搭配背景柜，可与餐厅岛台位置的朋友互动。房屋中间没有阻隔，社交互动更自由。

**不同之处 2**
**卫生间干湿分离**

卫生间干湿分离，淋浴间方正，使用更便利。洗手池在外走道入口，入户清洁更方便。

**不同之处 3**
**更紧凑的厨房格局**

包嵌厨房原有排水管与烟道，设置西厨岛台与收纳柜。将冰箱放入厨房，适合在家偶尔做饭的独居人士。

**不同之处 4**
**私密性更好的卧室**

玻璃推拉门让客餐厅的采光与通风更好，关上门即可围合成独立的静区，营造出更轻松舒适的休息氛围。

玄关

卫生间

厨房

餐厅

客厅

卧室

# 重要功能区改造要素

**核心功能实现**

◆ （空间特点）拆除所有非剪力墙，将客餐厅作为整个房屋的格局重心，开阔敞亮。

◆ （家具设置）在走道一侧设置餐厅岛台，围绕岛台，辐射至厨房、客厅，互动流畅，可供多人同时使用。岛台与柜体围合包嵌原有的厨房排水管与烟道，提升收纳容积。

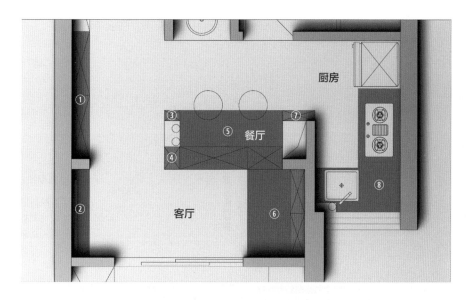

**家具尺寸参考**

① 入户走道收纳柜（长 1800 mm，深 250 mm，高到顶）

② 电视背景墙收纳柜（长 1200 mm，深 250 mm，高 300 mm）

③ 岛台侧面收纳架（长 200 mm，深 140 mm，高到顶）

④ 岛台侧面收纳架（长 300 mm，深 200 mm，高到顶）

⑤ 岛台（长 1440 mm，宽 800 mm，高 820 mm）

⑥ 卡座式沙发（长 1200 mm，深 600 mm，高 450 mm）

⑦ 正对卫生间入口的收纳柜（长 450 mm，深 140 mm，高到顶）

⑧ 厨房地柜（总长约 2300 mm，深 600 mm，高 820 mm）

第 10 号家

# "老破小"学区房，厨房特别小，且无用餐空间

旧房改造，生活翻新

套内面积：60 m² 位置：无电梯住宅楼 6 层中间户 户型：2 室 1 厅 1 卫

该户型呈缺角长方形，西南面是主要的采光、通风面。房屋正中有承重墙，不可改动。改造以满足妈妈和 3 岁女儿两人的日常生活需求为主，需要考虑孩子不同年龄段对空间的需求，同时兼顾亲子活动、娱乐、阅读等功能。

? 改造前问题

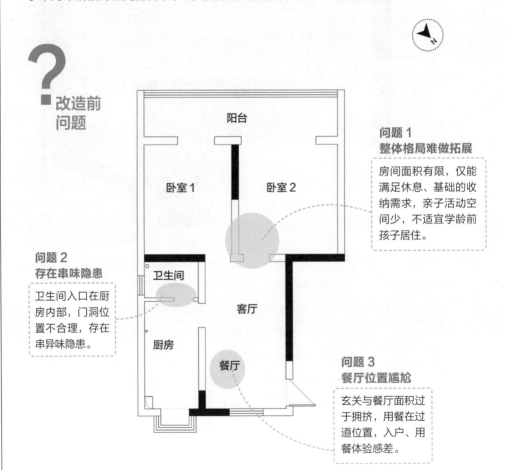

阳台

卧室 1

卧室 2

卫生间

客厅

厨房

餐厅

**问题 1**
**整体格局难做拓展**

房间面积有限，仅能满足休息、基础的收纳需求，亲子活动空间少，不适宜学龄前孩子居住。

**问题 2**
**存在串味隐患**

卫生间入口在厨房内部，门洞位置不合理，存在串异味隐患。

**问题 3**
**餐厅位置尴尬**

玄关与餐厅面积过于拥挤，用餐在过道位置，入户、用餐体验感差。

改造后
破解法 A

只有一大一小两口人，目前仅需一间大卧室，等孩子上小学，再考虑改造出另外一间卧室。

**破解 1**
**客厅改位**

将客厅移到其中一间卧室，与阳台打通，有比较宽敞的地方供亲子玩耍，固定家具少，预留出未来增加家具的空间，后期可改造成卧室。

**破解 2**
**卫生间入口改位**

原卫生间入口在厨房内部，动线交叉，十分不便。调整入口位置，面对走道，避免与餐厨动线交叉。

**破解 3**
**餐厅改位**

将原客厅让位给餐厅，餐厅采用卡座式沙发，搭配大餐桌。母女俩可在餐厅一起做手工、学习,增进亲子感情。餐桌可采用折叠式收至玄关柜中，餐厅可改造成卧室。

# 重要功能区改造要素

**空间尺度把控**

◆ **玄 关** 入户通道宽 950 mm。

◆ **餐 厅** 主要走道宽 1250 mm，餐桌两侧的走道宽度均在 1000 mm 以上。

◆ **客 厅** 客厅在非会客时间可作为亲子空间，横向长度约 3300 mm，电视背景墙到沙发背景墙之间的距离约 3400 mm。预留大量空间，为孩子长大后与妈妈分床睡、改成卧室做准备。

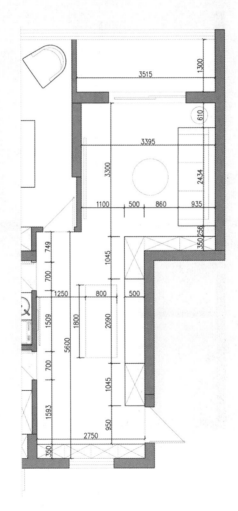

**收纳规划布局**

◆ （ 餐　厅 ）卡座式沙发 + 大餐桌 + 背景收纳柜。卡座式沙发长约 2100 mm，深 500 mm，高 450 mm。

◆ （ 客　厅 ）高柜。客厅无多余的活动家具，保持宽敞的游戏空间，建议圆形茶几直径在 900 mm 以内，避免孩子奔跑磕碰；三人沙发长度在 2430 mm 以内。未来改作卧室，放置活动书桌和单人床。

**功能动线优化**

◆ （ 功　能 ）将不常用的物品集中收纳在高柜中，提升厨房的使用效率；水槽台面与灶具台面高度不同，更符合人体工学。

◆ （ 动　线 ）厨房入口正对面的是双开门冰箱，从餐厅过来取用方便。水槽、灶具呈 L 形，操作便利。

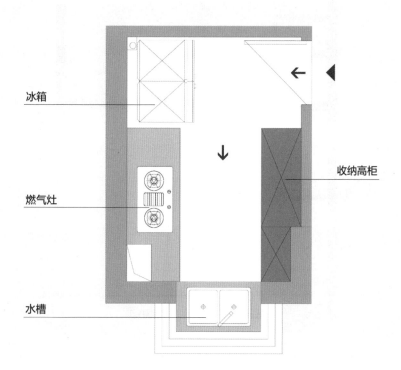

冰箱

燃气灶

收纳高柜

水槽

改造后
破解法 B

较之 A 方案，整体格局更适合较大龄儿童家庭，保留两间卧室。餐厨一体化，节省空间。

**不同之处 1**
**主卧拥有独立衣帽间**

主卧有独立衣帽间，衣柜总长度约 3300 mm，梳妆台尺寸约为 1200 mm×500 mm，单人床尺寸约为 1350 mm×2000 mm。若去掉一个床头柜，则可更换成双人床（1650 mm×2000 mm）。

**不同之处 2**
**次卧的布局设计**

孩子上小学后，就可以拥有自己独立的房间，次卧放置了单人床、书桌和整排衣柜。

**不同之处 3**
**卫生间更宽敞**

卫生间内淋浴间采用方形玻璃隔断，比钻石形隔断更显宽敞。

**不同之处 4**
**打开厨房，做餐厨一体化设计**

将封闭的厨房打开，与餐厅合并，在餐厅定制岛台式餐桌，同时利用剪力墙凹陷处增加收纳面积。

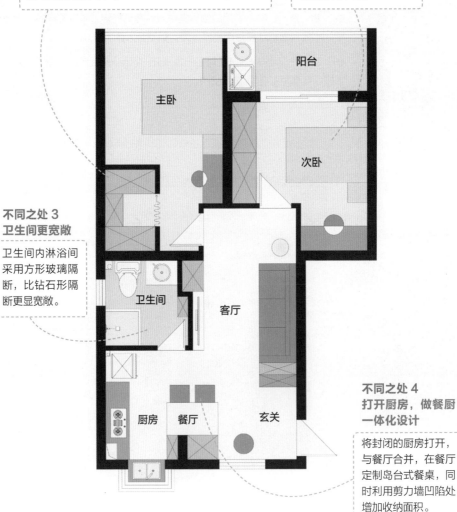

阳台

主卧

次卧

卫生间

客厅

厨房 餐厅 玄关

# 重要功能区改造要素

**核心功能实现**

◆ (空间特点) 室内动静分区明确，强调了青少年时期的孩子更需要独立的空间。除卫生间需要完全封闭的环境外，打通玄关、餐厨空间，获得开放、通透、开阔的空间。

◆ (家具设置) 定制家具精致美观，整体居家感受更优雅沉稳。

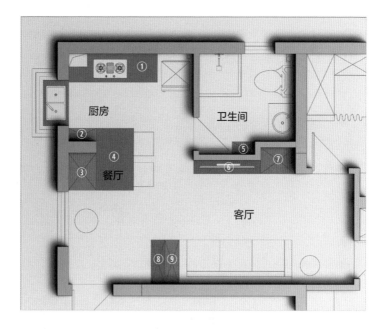

**家具尺寸参考**

① 地柜（总长约 2500 mm，深 600 mm，高 820 mm）

② 高柜（长 600 mm，深 280 mm，高到顶）

③ 高柜（长 780 mm，深 600 mm，高到顶）

④ 岛台（长 1300 mm，宽 800 mm，高 820 mm）

⑤ 悬挂柜（长 500 mm，深 270 mm，高 900 mm）

⑥ 电视墙矮柜（长 1440 mm，深 280 mm，高 450 mm）

⑦ 电视墙高柜（长 760 mm，深 550 mm，高到顶）

⑧ 鞋柜（长 950 mm，深 300 mm，高 900 mm）

⑨ 鞋柜背后高柜（长 950 mm，深 300 mm，高到顶）

第 11 号家

# 南北通透两居室，家有两孩，如何变出三间卧室？

## 空间秩序的重新调整

套内面积：82 m²　　位置：电梯公寓楼 10 层中间户　　户型：2 室 2 厅 1 卫

该户型呈多棱角形状，南北通透，观景阳台朝南，是主要的通风、采光面。房屋有承重墙、承重柱。改造以满足一家四口的日常生活需求为主，同时满足孩子不同年龄段对空间的功能需求，采用活动家具与定制家具相结合。

**?** 改造前问题

N

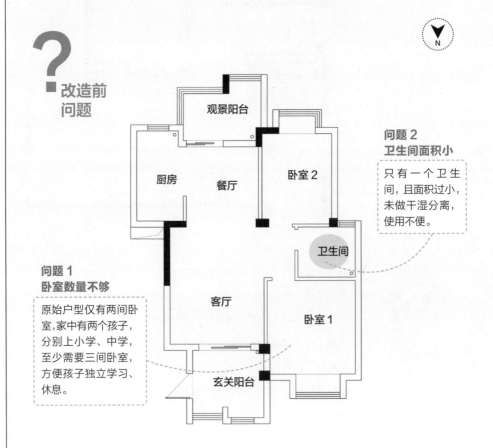

**问题 2**
**卫生间面积小**

只有一个卫生间，且面积过小，未做干湿分离，使用不便。

**问题 1**
**卧室数量不够**

原始户型仅有两间卧室，家中有两个孩子，分别上小学、中学，至少需要三间卧室，方便孩子独立学习、休息。

观景阳台

厨房　餐厅

卧室 2

卫生间

客厅

卧室 1

玄关阳台

改造后
破解法 A

动静分区明确,整合客餐厅功能,两间次卧朝南,面积均衡。拓展卫生间面积,将收纳功能按需分配至各个区域。

**破解 1**
**借位实现三间卧室**

将原观景阳台改造为多功能房,布置地台式床榻,也可作书房、游戏室。另一间朝南的次卧可放置高低床架。

**破解 2**
**清洁功能分区明确**

宽阔的玄关拥有清洁水槽,入户更健康。卫生间干湿分离,设置双台盆和家政清洁处。南边的晾晒阳台拥有良好的采光、通风。

# 重要功能区改造要素

**空间尺度把控**

◆ 玄关 入户视野开阔，约有 2200 mm×1350 mm 的空地，一侧依靠窗台定制柜体。

◆ 客餐厅 玄关尽头是书架，作为客餐厅背景墙的延续，立面效果充满利落感，电视背景墙一侧的柜体长度约 9000 mm（含走道入口）。主要走道宽度在 1000 mm 以上，电视背景墙到卡座背景柜之间的距离约为 3600 mm。

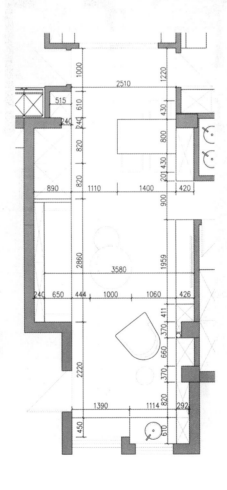

**收纳
规划
布局**

◆ 玄 关 与窗台等高的矮柜＋家政柜。矮柜含水槽柜总长约 2500 mm。

◆ 客 厅 卡座式沙发＋背景收纳柜＋电视背景柜。定制卡座沙发长约 2860 mm，深 650 mm，高 450 mm，一家四口可以并排坐；搭配单椅、落地灯和圆形双层茶几，组合灵活。

◆ 餐 厅 高柜＋设备柜。餐桌长 1400 mm，宽 800 mm，预留出更大的走道宽度。

**功能
动线
优化**

◆ 功 能 利用客餐厅中间走道位置墙面凹陷处，设置双面洗手盆与家政柜，空间整洁。

◆ 动 线 从客餐厅中间走道转弯，即进入洗手处，动线迂回，卫生间湿区入口避开了正对客餐厅和卧室的尴尬。

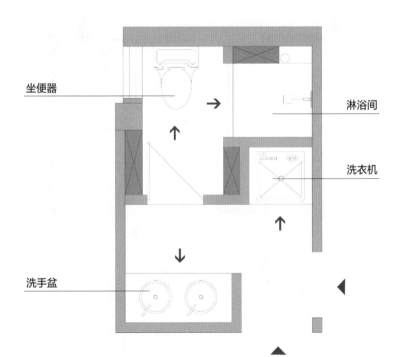

坐便器

淋浴间

洗衣机

洗手盆

改造后
破解法 **B**

较之 A 方案，整体格局更偏度假功能，空间更宽敞，注重娱乐性，氛围轻松自在。

**不同之处 1**
**可开放、可封闭的厨房**

厨房采用折叠移门，四扇门片向橱柜的两侧收拢打开，再插入侧面墙体。做完饭后，再抽出关闭移门，烹饪更高效。餐厅岛台在非用餐时间供全家人游戏、阅读等。

**不同之处 2**
**三间卧室都朝南**

将原阳台与厨房均改为卧室，分别给两个孩子使用。卧室 2 采用榻榻米地台式床架；卧室 3 选用高低床，三个独立卧室对窗户的隔热、隔声要求较高。

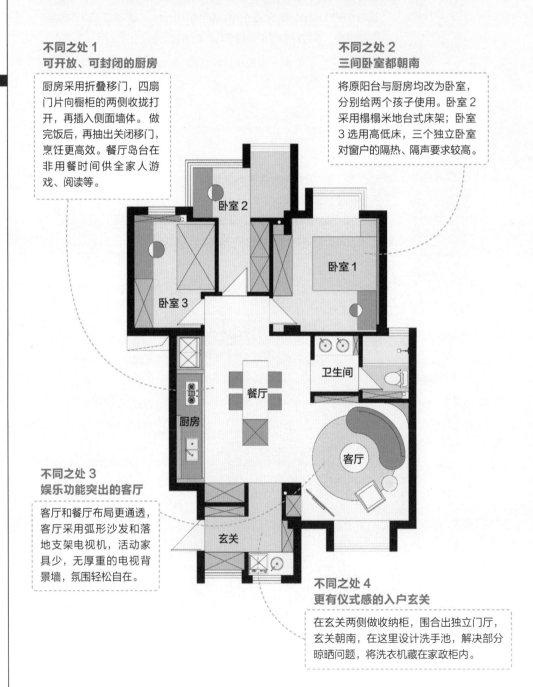

**不同之处 3**
**娱乐功能突出的客厅**

客厅和餐厅布局更通透，客厅采用弧形沙发和落地支架电视机，活动家具少，无厚重的电视背景墙，氛围轻松自在。

**不同之处 4**
**更有仪式感的入户玄关**

在玄关两侧做收纳柜，围合出独立门厅，玄关朝南，在这里设计洗手池，解决部分晾晒问题，将洗衣机藏在家政柜内。

# 重要功能区改造要素

核心
功能
实现

◆ (空间特点) 玄关与餐厨空间的格局设计，注重功能集中化，提高生
活效率。

◆ (家具设置) 玄关有门厅、家政柜，家人可在这里更换衣物、清洁双手、
消毒物品。餐厅大餐台搭配台下收纳柜，收纳空间充足；厨房采用定制
橱柜和入墙式折叠门，空间利用率更高。

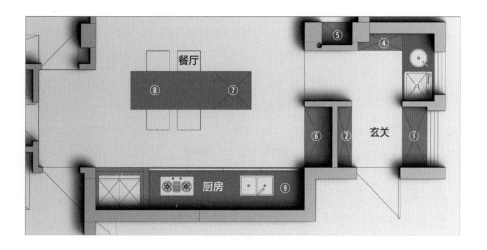

家具
尺寸
参考

① 窗下矮柜（长 1200 mm，深 550 mm，高与窗台齐平）

② 收纳柜（长 1200 mm，深 300 mm，高到顶）

③ 窗下家政柜（长 1400 mm，深 700 mm，高 850 mm）

④ 家政柜（长 1000 mm，深 360 mm，高到顶）

⑤ 电视背景柜（长 660 mm，深 480 mm，高到顶）

⑥ 高柜（长 1200 mm，深 600 mm，高到顶）

⑦ 台下收纳柜（长 800 mm，深 800 mm，高 850 mm）

⑧ 餐台（桌面长 1800 mm，宽 800 mm，高 750 mm）

⑨ 橱柜（长约 3200 mm，深 800 mm，高 820 mm）

**第 12 号家**

# 卫生间窗户对着餐厅，没有西厨，业主却想要个大岛台

## 减少一室，腾出餐厅与亲子活动区

| 套内面积：86 m² | 位置：电梯公寓楼 9 层边户 | 户型：2 室 2 厅 2 卫 |

该户型呈缺角长方形，南面和东面是主要的通风、采光面，客厅与卧室之间有承重柱。改造以满足一家三口的日常生活需求为主，业主希望客餐厅宽敞明亮，最好能有个大岛台或大餐桌，方便进行亲子活动、阅读等。

**?** 改造前
问题

**问题 1**
**餐厨空间与客厅分离**

客餐厅的布局不利于亲子互动，分离式功能区导致动线过长，生活效率低。

**问题 2**
**厨房、卫生间采光差**

厨房无窗户，通风、采光差。次卫窗户朝向餐厅，面积偏小，功能"鸡肋"。

**问题 3**
**入户无玄关**

入户即餐厅，感受局促，用餐体验差。

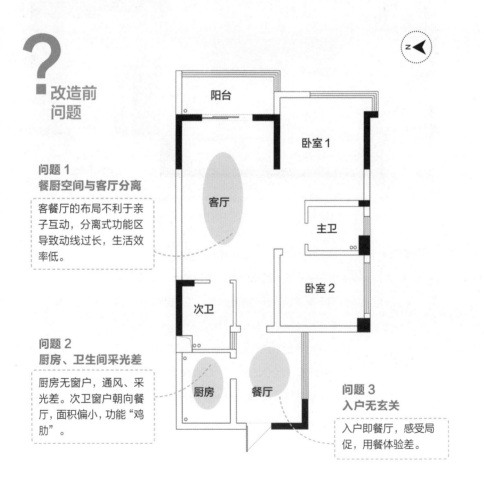

改造后
破解法 **A**

打破原有格局，重塑功能区，集中功能，简化动线，动静分区明确。

**破解 1**
**客餐厅一体**

餐厅有大岛台，一家人可以在一起做手工、阅读、工作、学习，增进亲子感情。客厅有比较宽敞的地方供孩子活动。

**破解 2**
**改变厨房入口的朝向**

将两个卫生间合为一间，将厨房的门开向餐厅一侧，在临近玄关的墙壁上开窗，实现空气对流，改善厨房采光。

**破解 3**
**玄关变为具有清洁功能的门厅**

打造独立玄关，入户不局促，无遮挡，进门右侧有独立台盆，地面可与客餐厅做出落差，形成落尘区。

## 重要功能区改造要素

**1 空间尺度把控**

◆ 餐 厅　岛台四周主要通道宽度在 900 mm 左右，岛台收纳柜旁边是双开门冰箱位置和西厨台面。

◆ 客 厅　电视背景墙连接餐厅收纳柜，总长度超过 9000 mm，电视机或投影屏幕到沙发背景墙之间的距离约 3700 mm，大气开阔。

◆ 阳 台　走道宽约 1470 mm，适宜双人活动。

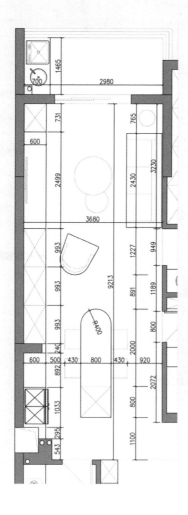

**收纳规划布局**

◆ 客　厅　电视背景墙高柜＋地柜。客厅的电视柜从餐厅延伸而来，深度为 600 mm 的收纳柜结合矮台或开放书架，形成错落有致的层次。

◆ 餐　厅　西厨＋岛台。餐厅岛台由西厨收纳柜和桌面构成，总长度为 2800 mm，宽 800 mm，桌面靠近客厅一端采用半圆形设计，减少磕碰。

**功能动线优化**

◆ 功　能　玄关地面比客餐厅低，形成落尘区，入户清洁、换鞋、更衣都在此处完成。清洁水槽下可嵌入洗衣机等设备。

◆ 动　线　入户左侧是卡座式换鞋凳与高柜，右侧是家政柜与清洁水槽，十字动线方便高效。

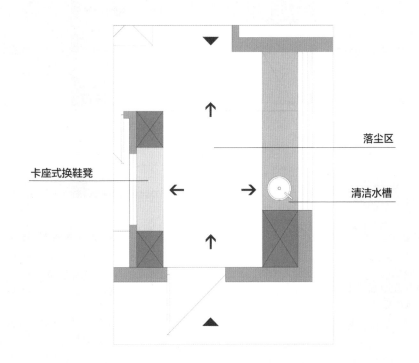

卡座式换鞋凳

落尘区

清洁水槽

改造后
破解法 **B**

较之 A 方案，整体格局更强调用餐空间（亲子活动区）的宁静氛围。

**不同之处 2**
**卧室 2 布局更精巧**

利用新砌墙体围合而成卧室 2，可定制城堡式儿童床；书桌与收纳柜一字排列，更省空间。

**不同之处 1**
**客厅氛围更轻松**

支架式薄款电视机更轻巧，空间更显宽敞。沙发背景收纳薄柜在视觉上与餐厅厚重的岛台形成对角平衡，空间更稳定。

阳台

卧室 1

客厅

卧室 2

卫生间

餐厅

**不同之处 3**
**拓展卫生间功能**

卫生间由原次卫扩建而来，实现了干湿分离、双洗手台面。设计两扇门，干区采光由过道处的窗洞补充。

厨房

玄关

**不同之处 4**
**宽敞明亮的餐厅设计**

餐厅尺度舒适，南边的自然光能更好地进入室内，岛台尺度适宜，餐桌两旁是矮收纳柜，与电视背景墙的通高收纳柜形成对比。

# 重要功能区改造要素

**核心功能实现**

◆ (空间特点) 房屋南面最大的两扇窗户分别给玄关与餐厅，阳光与空气的流动充盈了入户与用餐环境。室内温暖明亮，室外风景宜人，带给全家人美好的生活体验。

◆ (家具设置) 岛台尺寸偏窄，减弱体积感，增加精致感。

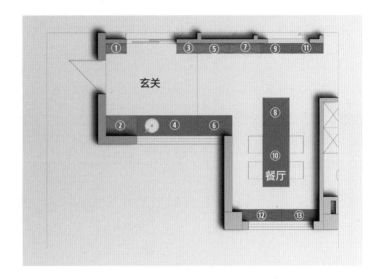

**家具尺寸参考**

①③ 收纳柜（均长 600 mm，深 300 mm，高到顶）

② 收纳高柜（长 900 mm，深 600 mm，高到顶）

④ 家政柜（长 1800 mm，深 600 mm，与窗台等高）

⑤⑦ 餐厅收纳柜（均长 950 mm，深 300 mm，高到顶）

⑥ 餐厅收纳高柜（长 1000 mm，深 600 mm，高到顶）

⑧ 岛台（有柜部分，长 800 mm，宽 800 mm，高 820 mm）

⑨⑪ 窗下收纳柜（均长 950 mm，深 300 mm，与窗台等高）

⑩ 岛台（无柜部分，长 1800 mm，宽 800 mm，高 820 mm）

⑫⑬ 窗下收纳柜（均长 1100 mm，深 350 mm，与窗台等高）

第13号家

# 拥有细窄形过道的"手枪"户型，没有阳台，去哪儿晾衣服？

家里虽然只住一个人，
但生活品质不打折扣

| 套内面积：87 m² | 位置：无电梯住宅楼5层中间户 | 户型：3室2厅1卫 |

该户型呈缺角长方形，西南面与东北面是主要的通风、采光面，房屋两个角落有承重柱。改造以满足一个人的日常生活需求为主，空间的功能分配侧重于学习和工作，业主希望能有独立的阳台解决晾晒问题。

**?**
改造前
问题

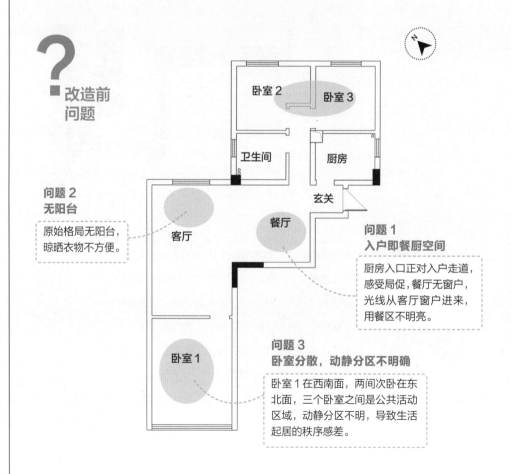

**问题2**
**无阳台**

原始格局无阳台，
晾晒衣物不方便。

**问题1**
**入户即餐厨空间**

厨房入口正对入户走道，
感受局促，餐厅无窗户，
光线从客厅窗户进来，
用餐区不明亮。

**问题3**
**卧室分散，动静分区不明确**

卧室1在西南面，两间次卧在东
北面，三个卧室之间是公共活动
区域，动静分区不明，导致生活
起居的秩序感差。

改造后
破解法 **A**

重组功能区，解决日常晾晒问题，设置书房、主卧、次卧，其中主卧与书房形成大套房格局。

**破解 1**
**餐厅改位**

将餐厅改到东北方的次卧，这里拥有良好的采光与通风。厨房入口朝向餐厅，原门洞改墙并内推后，让出玄关鞋柜位置。

**破解 2**
**客厅改位，增加晾晒阳台**

将客厅移至原餐厅位置，同时将原客厅改造成书房，书房阳光充足、通风良好。增加阳台，靠近卫生间，方便洗衣机等设备顺利排水；阳台和书房之间以隔断门分开，阻隔户外临街噪声。

**破解 3**
**主卧是套房格局**

主卧自带独立衣帽间，与书房连通，形成宽敞明亮的套房格局，内部可放置投影屏幕。

# 重要功能区改造要素

**空间尺度把控**

◆ (主 卧) 主通道宽 1150 mm，梳妆台旁走道宽 1305 mm，去往衣帽间的走道宽 500 mm，衣帽间内部走道长 1200 mm，宽 1080 mm。

◆ (书 房) 书房与客厅之间是全折叠玻璃隔断，私密空间可完全独立于公共空间。主通道宽 1300 mm 以上。

◆ (阳 台) 走道最小宽度是 1080 mm，适宜一人通过。

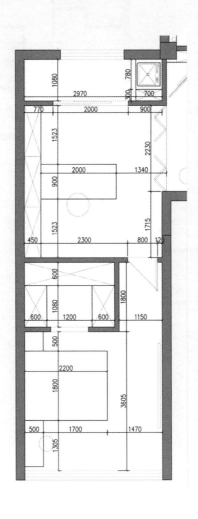

**收纳规划布局**

◆ 主 卧 衣帽间 + 床头柜 + 梳妆台。衣柜长 4560 mm，深 600 mm。双人床架尺寸为 1800 mm×2200 mm，梳妆台长度不超过 1200 mm。因主通道较宽敞，可在角落添置五斗柜、单人沙发，或在床尾添置小型收纳矮柜，搭配投影幕布。

◆ 书 房 书柜 + 大书桌。书柜长约 3950 mm，深 450 mm；书桌长 2000 mm，宽 900 mm。

---

**功能动线优化**

◆ 功 能 在入口外的走道和隔壁次卧设置收纳柜，新砌墙壁结合了卫生间的洗手盆和淋浴间功能，形成互相咬合的墙体格局，无论洗手、如厕还是沐浴，都较为宽敞。

◆ 动 线 坐便器正对卫生间入口，两侧分别是淋浴间与洗手盆，动线简洁。

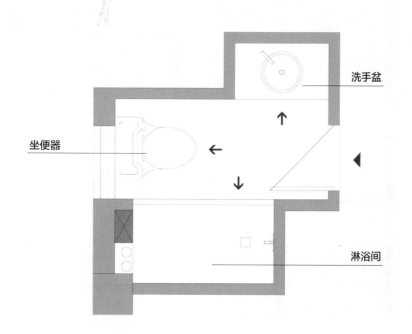

洗手盆

坐便器

淋浴间

改造后
破解法 B

考虑业主的工作时间一般在夜晚，将书房移至原餐厅处，更注重收纳功能。

**不同之处 1**
**阳台功能更丰富**

利用卫生间水路，在其隔壁设置独立阳台，宽敞明亮；独立小台盆搭配洗衣机、烘干机、家政柜，使用便利。

**不同之处 2**
**入户清洁动线和就餐动线不交叉**

整排定制柜一直延伸至卫生间干区走道。入户清洁、消毒、更换鞋子、储藏物品等更加便利，也更健康。

**不同之处 3**
**独立书房更安静**

书房与客厅之间用移门隔开，可以形成相对封闭的空间。超长书桌搭配书柜、收纳柜，功能强大。

**不同之处 4**
**将次卧作为客厅的拓展空间**

次卧与客厅之间用全折叠玻璃门隔开，侧面是全通透玻璃隔断。房间内悬挂纱帘，有客人临时居住时保护隐私。无客人使用时，作为客厅的延伸空间，供娱乐休闲使用。

# 重要功能区改造要素

**核心功能实现**

◆ （空间特点） 将房屋当中最安静的房间设为书房。玄关与走道结合卫生间干区功能与收纳柜体的规划，让入户动线更便利健康，且走道的使用效率更高。

◆ （家具设置） 书房拥有大书桌和超强的收纳功能。玄关收纳柜沿走道墙体顺势延长，与走道对面的书房侧墙书柜，形成统一的立面效果，更有仪式感。

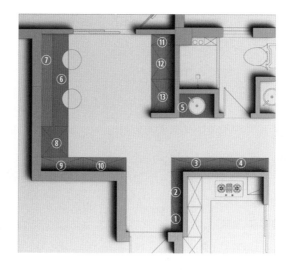

**家具尺寸参考**

①② 收纳柜（均长 760 mm，深 300 mm，高到顶）

③④ 收纳柜（均长 1250 mm，深 350 mm，高到顶）

⑤ 家政柜（长 900 mm，深 600 mm，高 820 mm）

⑥ 书桌（长 2300 mm，深 600 mm，高 750 mm）

⑦ 多层书架（长 2300 mm，宽 300 mm）

⑧ 收纳矮柜（长 800 mm，深 600 mm，高 750 mm）

⑨⑩ 收纳柜（均长 1100 mm，深 350 mm，高到顶）

⑪ 抽拉式收纳柜（长 270 mm，深 600 mm，高到顶）

⑫⑬ 收纳柜（均长 850 mm，深 600 mm，高到顶）

## 第14号家

# 过道狭长的三居室只有一个卫生间，六口人怎么住？

### 房间住得下三代人，但多人如厕却成了大问题

套内面积：93 m² 　　位置：电梯公寓楼11层边户　　户型：3室2厅1卫

　　该户型呈7字形，四处有承重墙，房屋南面、西面和北面是主要的通风、采光面。居住成员是夫妻两人、两个女儿，以及年逾古稀的爷爷、奶奶，改造以满足六口人的日常生活需求为主。业主希望能兼顾家庭成员的爱好，要有亲子区，还要解决多人同时如厕的问题。

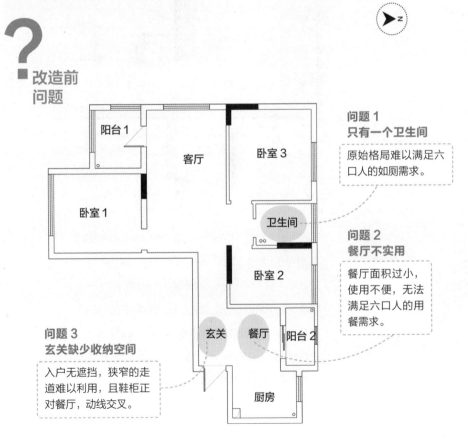

■ 改造前问题

问题1
**只有一个卫生间**

原始格局难以满足六口人的如厕需求。

问题2
**餐厅不实用**

餐厅面积过小，使用不便，无法满足六口人的用餐需求。

问题3
**玄关缺少收纳空间**

入户无遮挡，狭窄的走道难以利用，且鞋柜正对餐厅，动线交叉。

阳台1　客厅　卧室3　卫生间　卧室2　卧室1　玄关　餐厅　阳台2　厨房

改造后
破解法 **A**

设置两个独立卫生间，将原卫生间与晾晒阳台相结合。考虑老人与小孩的身体健康，将两间次卧安排在南向，主卧朝北面。

**破解 1**
**设计两个独立卫生间**

打造两个独立卫生间，面朝餐厅的一间实现了干湿分离和双台盆设计，缓解高峰期家人如厕问题。

**破解 3**
**定制柜体，创造玄关空间**

入户打造独立玄关区，更有仪式感；在玄关定制两组收纳柜，左侧是鞋柜，尽头处是衣柜，收纳空间丰富。

**破解 2**
**合并阳台 2，扩大餐厅面积**

将原阳台 2 和原卧室 2 的部分空间并入餐厅，增加西厨设备柜，餐厅也可作为亲子区，餐厨空间动线合理，功能完备。

# 重要功能区改造要素

**1**
空间
尺度
把控

◆ **客餐厅** 入户通道宽1100 mm，去往厨房、卫生间的走道宽1000 mm以上，去往客厅的主通道约1260 mm，西厨地柜与餐桌之间通道宽度约700 mm。电视背景墙到沙发背景墙之间的距离约3500 mm。

◆ **卫生间** 两个卫生间的宽度均约1600 mm，面朝餐厅的一间干湿分离，面朝客厅的一间带有约1400 mm见方的阳台。

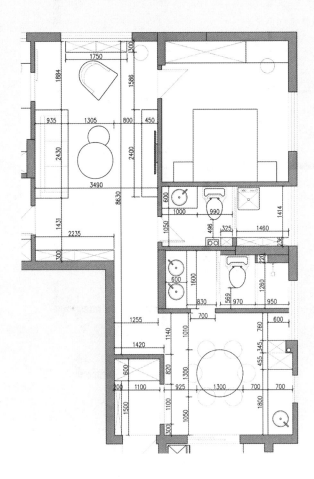

**收纳规划布局**

◆ 玄　关　鞋柜＋衣柜。鞋柜在走道左侧，长 1500 mm，深 200 mm，高 1000 mm；衣柜在门厅尽头，长 1300 mm，深 600 mm，高到顶。

◆ 餐　厅　餐桌＋西厨地柜＋高柜。建议采用最大直径为 1300 mm 的圆形餐桌，容纳 6 人用餐的同时，保持走道通畅。

◆ 客　厅　高柜＋电视矮柜＋窗台边矮柜。客厅采用小巧的家具，定制高柜与活动矮柜搭配，空间更有层次。

---

**功能动线优化**

◆ 功　能　次卧 2 拥有朝南和朝西的两扇大窗户，采光、通风极佳，供两个孩子使用。

◆ 动　线　入口一侧是 U 形围合空间，定制高低床架和上下两层衣柜组合的家具，另一侧是双人书桌。房门可采用谷仓门样式，增加童趣。

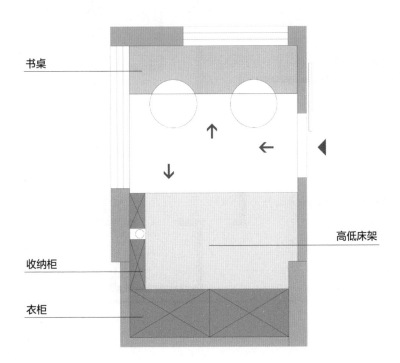

书桌

高低床架

收纳柜

衣柜

**改造后破解法 B**

较之 A 方案，整体格局更偏重亲子功能。客餐厅集中于前室，多功能厅连通阳台，通风、采光佳。

**不同之处 1**
**独特的多功能厅**

多功能厅与阳台在原客厅位置，用于儿童亲子活动，可结合背景书柜作为家庭书吧，或搭配电视机，作为小客厅使用。

**不同之处 2**
**两个独立卫生间**

两个独立卫生间分别位于走道两侧，配合污水提升泵解决下水问题，都具有洗手、如厕、淋浴三种功能，满足了多人同时使用的需求。

**不同之处 3**
**收纳功能突出的玄关**

玄关更大，定制超长鞋柜，能容纳更多鞋子和杂物；玄关与餐厅之间采用玻璃隔断，既改善采光，又丰富了空间层次。

**不同之处 4**
**集成功能的客餐厅**

客厅与餐厅共用一套定制卡座式沙发，沙发背后是窗台下定制柜，包水管处是开放式收纳架，在视觉上将餐厅与客厅一分为二。

# 重要功能区改造要素

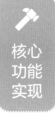

**核心功能实现**

◆ (空间特点) 在保证玄关收纳功能的基础上，定制柜还可作为客餐厅的背景墙，结合玻璃隔断或金属镂空隔断实现半通透或全通透的视觉效果，让空间更显精致。

◆ (家具设置) 卡座沙发极大地缓解了房屋小、人口多、家具拥挤的困境。

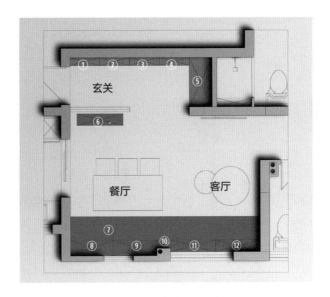

**家具尺寸参考**

①②③④ 高柜（均长 770 mm，深 200 mm，高到顶）

⑤ 衣柜（长 1250 mm，深 600 mm，高到顶）

⑥ 活动装饰柜（长 1200 mm，深 300 mm，高 900 mm）

⑦ 卡座沙发（长约 4950 mm，深 600 mm，高 450 mm）

⑧⑨ 窗台下矮柜（均长 1150 mm，深 400 mm，与窗台等高）

⑩ 收纳架（长 350 mm，深 200 mm，高到顶）

⑪⑫ 窗台下矮柜（均长 1150 mm，深 300 mm，与窗台等高）

**第15号家**

# 拥有南北双阳台的三居室，业主想要两个独立工作区

## 各忙各的小夫妻作息时间不同，事业、家庭两不误

套内面积：108 m² | 位置：电梯公寓楼26层边户 | 户型：3室2厅2卫

该户型呈长方形，客厅、阳台1朝南，是主要的通风、采光面。改造满足以丁克夫妻的日常生活需求为主，目前业主以事业为生活重心。因两人工作内容和作息时间不同，需要经常在家办公，所以需要两个独立的工作区域，配备宽大书桌、书柜，互不打扰。

**? 改造前问题**

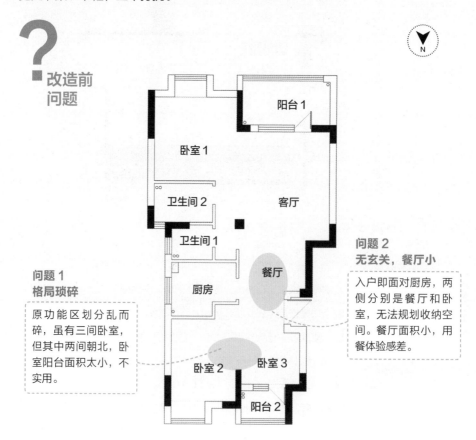

N

**问题1**
**格局琐碎**

原功能区划分乱而碎，虽有三间卧室，但其中两间朝北，卧室阳台面积太小，不实用。

**问题2**
**无玄关，餐厅小**

入户即面对厨房，两侧分别是餐厅和卧室，无法规划收纳空间。餐厅面积小，用餐体验感差。

**改造后破解法** A

按照两人世界所需功能，重新划分格局。只保留一间主卧，满足休息、阅读、收纳三种功能。家具采用活动家具结合定制柜体设计。

**破解 1**
**重组格局**

拆除所有非承重墙，结合定制柜体，尽量将各个功能区空间做规整，分界线横平竖直。

**破解 2**
**玄关、餐厅改位**

在入户正对面设计玄关端景衣柜，同时在原餐厅位置定制 U 形高柜，放置鞋帽、雨具等小型物品，收纳功能强大。将朝北的一间卧室改为餐厅，连接北面家政阳台，采光、通风良好。

## 重要功能区改造要素

◆ （ 玄　关 ）入户走道宽约1700 mm，U形柜围合换鞋凳，深300 mm，空间显开阔。

◆ （ 客餐厅 ）餐厅主通道宽约1000 mm，客厅主通道宽约1700 mm，北阳台为家政间，南阳台作为独立工作区。电视背景墙到沙发背景墙之间的距离为4000 mm。

空间
尺度
把控

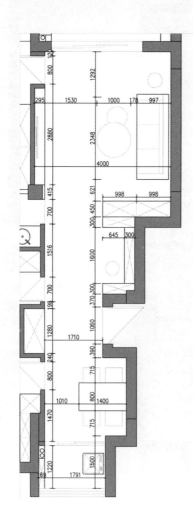

收纳
规划
布局

◆ （玄　关） 组合柜。入户门对面是端景衣柜，入户门右侧是U形高柜，总长度为3490 mm，搭配小圆凳，收纳功能强大。

◆ （客　厅） 沙发和茶几选用小巧精致的款型，保持空间的宽松感。当进入、离开工作区时，有明显的空间转化感受，有助于业主快速进入工作状态，或更快地松弛身心。

功能
动线
优化

◆ （功　能） 主卧是套房格局，兼具收纳和休息功能。衣帽柜依墙顺延至主卫入口，长约3400 mm，将斗柜嵌入墙壁凹陷处，可放置五斗柜或七斗柜。

◆ （动　线） 从入口进入卧室，十字形动线，功能明确。

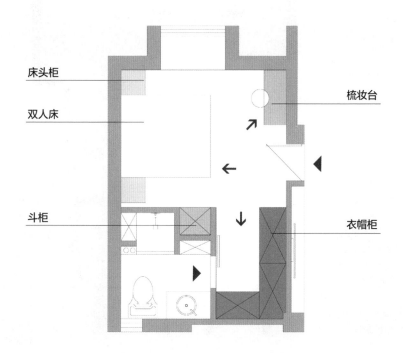

床头柜

双人床

梳妆台

斗柜

衣帽柜

## 改造后破解法 B

较之 A 方案，整体更偏重商务功能。餐厨一体结合办公桌台的设计，将功能集中化，同时将两个工作区都设置在房间北面。

**不同之处 1**
**更宽敞的客厅**

打通客厅与南面阳台，依阳台剪力墙两侧做电视柜台面与家政柜。电视墙上可悬挂最大长度为 3200 mm 的投影屏幕。家政柜上可安装折叠门，隐藏洗衣机、烘干机等设备。

**不同之处 2**
**在卫生间设置双台盆**

只保留一个卫生间，利用新砌墙体做淋浴间与储物壁龛。双面台盆长 1600 mm，如厕空间尺度宽松。

**不同之处 3**
**商务功能突出的工作区 1**

工作区 1 兼作餐厅，书桌与圆形餐台之间用柱形岛台连接，餐台也可以作为小型会议室。背景墙是整体定制书柜，书桌对面可悬挂投影屏幕或者电视机。

**不同之处 4**
**更安静的工作区 2**

工作区 2 由小次卧合并北面阳台形成。移动推拉门隔绝来自客厅方向的噪声，利用墙壁凹陷处定制工作台面和收纳柜。

# 重要功能区改造要素

## 核心功能实现

◆ （空间特点）房屋北面较南边安静，更适合作为长期办公的空间。

◆ （家具设置）将独立工作区 1 与餐厅合并，餐台可作为小型团体会议室；将独立工作区 2 与北阳台合并，办公桌靠窗，侧面有辅助工作台、书柜、衣柜。

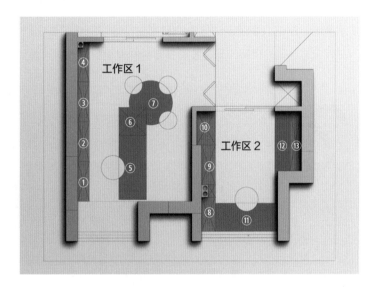

## 家具尺寸参考

①②③④ 书柜（均长 990 mm，深 300 mm，高到顶）

⑤ 书桌（长 1600 mm，宽 700 mm，高 750 mm）

⑥ 岛台（长 700 mm，宽 700 mm，高 900 mm）

⑦ 圆形餐台（直径为 1100 mm，高 750 mm）

⑧⑨ 书柜（均长 850 mm，深 350 mm，高到顶）

⑩ 衣柜（长 840 mm，深 480 mm，高到顶）

⑪ 书桌（长 1600 mm，宽 700 mm，高 750 mm）

⑫ 辅助工作台（长 1500 mm，宽 700 mm，高 750 mm）

⑬ 书架（长 1500 mm，宽 300 mm）

**第 16 号家**

# 单位集资房，标准两居室，业主还想要一间茶室

## 家人的兴趣爱好值得互相尊重

套内面积：74 m² ｜ 位置：电梯公寓楼 11 层中间户 ｜ 户型：2 室 2 厅 1 卫

　　房子户型呈多边形，东南面与西北面是主要的通风、采光面，房屋中间有承重墙。改造以满足退休二老的日常生活需求为主，业主想要宽敞的客餐厅，节假日与小辈们相聚，同时兼顾夫妻俩的兴趣爱好，如阅读、品茗、书法等。

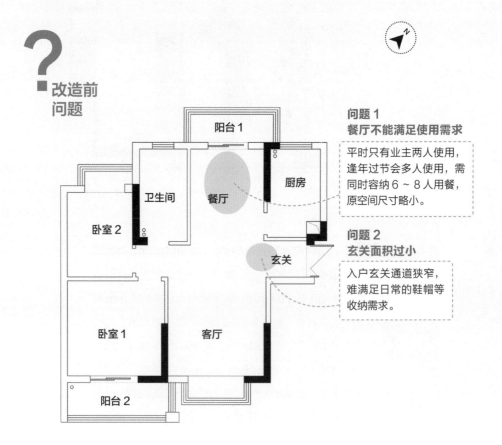

**? 改造前问题**

**问题 1**
**餐厅不能满足使用需求**

平时只有业主两人使用，逢年过节会多人使用，需同时容纳 6 ~ 8 人用餐，原空间尺寸略小。

**问题 2**
**玄关面积过小**

入户玄关通道狭窄，难满足日常的鞋帽等收纳需求。

改造后
破解法 **A**

按功能主次优先级设计，在总面积比较充裕的前提下，先考虑主要需求——解决多人用餐问题，以及打造一间茶室。

**破解 1**
**餐厅侧墙移位**

将餐厅与阳台 1 合并，将餐厅侧墙向卫生间方向移动 300 mm。卡座沙发更舒适，极大地节省了空间。餐桌与茶桌之间以收纳台相连，方便做功能拓展，节假日可供多人使用。

**破解 2**
**玄关侧墙移位**

将入户侧墙向厨房方向移动 300 mm，拓宽玄关通道，正好预留出安装鞋柜的位置，满足业主进出门的收纳需求。

# 重要功能区改造要素

**空间尺度把控** ❶

◆ **客　厅**　入户通道宽度为 1270 mm，去往卧室的走道宽度为 1000 mm，电视背景墙到沙发背景墙之间的距离约 3200 mm。

◆ **餐　厅**　餐厅幅宽约 3000 mm，主通道宽约 860 mm，阳台家政柜前面积约 1 m²，茶室的座位不影响洗衣机等设备的正常使用。

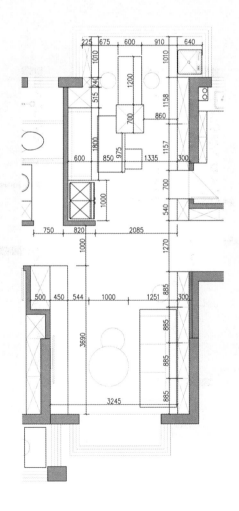

**收纳规划布局**

◆（**客 厅**）电视矮柜＋电视背景高柜＋沙发背景高柜。采用小巧的沙发与茶几，空间更显宽敞。

◆（**餐 厅**）餐桌＋收纳台＋茶桌＋背景柜＋沙发卡座。卡座设计极大地节省了占地空间。

◆（**阳 台**）两侧分别是收纳矮柜与家政柜。

---

**功能动线优化**

◆（**功 能**）功能可做拓展的主卧，收纳柜依墙设置，活动家具可选常规尺寸，保持通道的宽敞。若有需求，则梳妆台可以换成小型书桌，兼具书房功能，床尾收纳柜可储藏书籍或衣物。

◆（**动 线**）室内为 F 形动线，串联起衣柜、收纳柜、双人床、梳妆台，实用、有序。

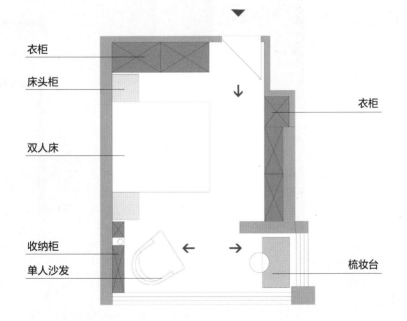

改造后
破解法 **B**

较之 A 方案，整体设计更注重空间的私密性。
主卧与茶室、书房是大套房格局，功能丰富，同时
兼顾业主的兴趣爱好。

**不同之处 1**
**在餐厅增加西厨区**

餐厅有西厨功能，增加水槽与设备高柜，嵌入
双开门冰箱，功能齐全。餐桌可采用折叠款式，
平时两人使用，节假日可供 6 ～ 8 人使用。

**不同之处 2**
**书房可供两人同时使用**

书房有超大书桌，可供两人同时使用，
背后是收纳柜，书房也可整体增加地
台，拓展功能。

**不同之处 3**
**主卧是套房格局**

主卧中间是休息区，
两侧分别是茶室和
书房，以隔断门分
隔，既保证了私密
氛围，又将空间的
场域拓展。

**不同之处 4**
**独立静谧的茶室**

将茶室置于主卧中，新砌墙体，用三叠玻璃移门隔
开茶室与休息区。依水管做收纳柜，茶桌靠近剪力
墙，侧面是矮台，背面增加薄柜。

# 重要功能区改造要素

核心功能实现

◆ （空间特点） 主卧朝东南，采光好，考虑私密性需求以及业主品茗的爱好，将独立茶室放置在原阳台，以三叠隔断门与休息区隔开。将书房与主卧打通，引入西北面的阳光。改造后，主卧总宽度约8700 mm，带给人开阔敞亮的感觉。

◆ （家具设置） 以定制柜体为主。

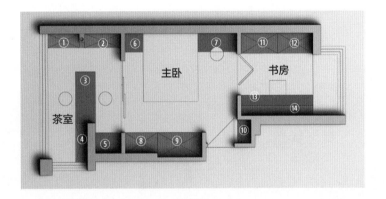

家具尺寸参考

①② 收纳柜（均长950 mm，深420 mm，高到顶）

③ 茶桌（长1500 mm，宽600 mm，高750 mm）

④ 收纳柜（长1150 mm，深360 mm，高到顶）

⑤ 矮台（长780 mm，深600 mm，高550 mm）

⑥ 床头柜（长550 mm，深550 mm，高600 mm）

⑦ 梳妆台（长1180 mm，深550 mm，高750 mm）

⑧ 衣柜（长980 mm，深600 mm，高到顶）

⑨ 衣柜（长1300 mm，深720 mm，高到顶）

⑩ 收纳柜（长680 mm，深400 mm，高到顶）

⑪⑫ 收纳柜（均长1050 mm，深600 mm，高到顶）

⑬ 书桌（长2100 mm，宽600 mm，高750 mm）

⑭ 书架（长2100 mm，宽300 mm）

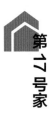

# 第 17 号家

# 标准三居室，功能区分配得刚刚好，但宠物住哪里？

## 萌宠也是家人，业主和两猫一狗的幸福生活

| 套内面积：109 m² | 位置：电梯公寓楼 24 层中间户 | 户型：3 室 2 厅 2 卫 |

该户型呈 L 形，南面与北面是主要的通风、采光面，房屋正中有承重墙、承重柱。改造以满足一家三口的生活需求为主，偶尔老人会过来短住，需要一间小客房，或让老人与孩子同住。家中还有两只猫和一只狗，业主希望有宠物起居功能区。

**? 改造前问题**

**问题 1**
**需要妥善安排宠物空间**

原格局动静分区明确，但未考虑宠物的起居空间。

**问题 3**
**卧室面积均偏小**

主卧朝北，带卫生间和阳台，但面积只比两间次卧大一点点，限制了空间的拓展功能。两间次卧虽朝南，面积都不大，放入常规家具会显得拥挤。

**问题 2**
**房屋正中走道长且窄**

由于承重墙、承重柱的位置不可改动，导致从客厅去往卧室的走道入口狭窄，走道被两侧墙夹住，一字形动线带给人压迫感。

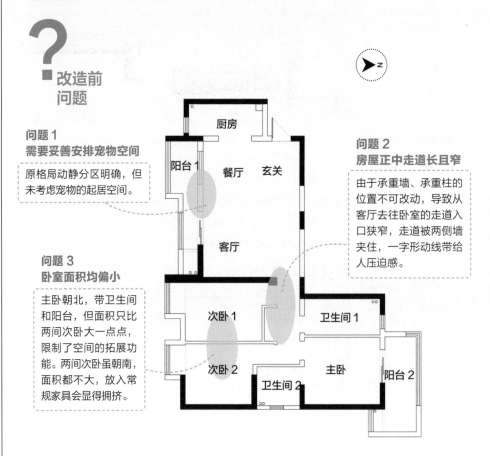

改造后
破解法 A 原始格局总面积适宜，调整部分功能区结构，
让各功能区更贴合业主的实际需求。

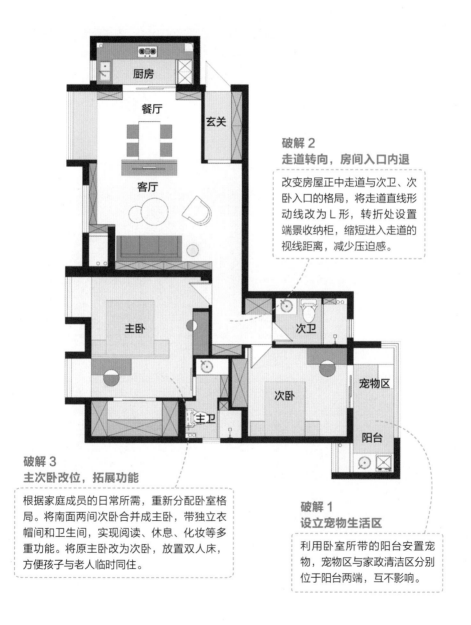

**破解 2**
**走道转向，房间入口内退**

改变房屋正中走道与次卫、次卧入口的格局，将走道直线形动线改为 L 形，转折处设置端景收纳柜，缩短进入走道的视线距离，减少压迫感。

**破解 3**
**主次卧改位，拓展功能**

根据家庭成员的日常所需，重新分配卧室格局。将南面两间次卧合并成主卧，带独立衣帽间和卫生间，实现阅读、休息、化妆等多重功能。将原主卧改为次卧，放置双人床，方便孩子与老人临时同住。

**破解 1**
**设立宠物生活区**

利用卧室所带的阳台安置宠物，宠物区与家政清洁区分别位于阳台两端，互不影响。

# 重要功能区改造要素

空间尺度把控

◆ （玄 关）独立玄关门厅，通道宽度在 1000 mm 以上。

◆ （客餐厅）客厅与餐厅之间用电视柜隔开，留出两侧通道（至少宽 900 mm）。去往厨房的走道宽约 800 mm，去往卧室的走道宽约 1120 mm，电视背景墙到沙发背景墙之间的距离约 3600 mm。

◆ （厨 房）入口宽约 2000 mm，直线内部走道长约 3000 mm，宽约 930 mm，尺度宽松。

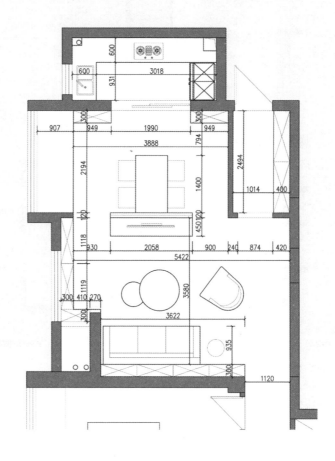

**收纳规划布局**

◆（玄　关）入户通道的一侧收纳柜长约 2500 mm，深 400 mm，高到顶，储藏功能强大。

◆（客　厅）电视柜 + 隔断 + 沙发背景柜 + 窗台边矮架。拆除阳台门，靠近客厅的部分在窗台下做储物架，靠近餐厅的部分做地台，可用于休憩、玩耍。

◆（餐　厅）背景高柜 + 地台。餐厅背景柜立于厨房门洞两侧，与沙发背景柜形成呼应。

---

**功能动线优化**

◆（功　能）主卧为套房格局，包含独立衣帽间、书房、卫生间，侧面有两扇窗户，采光、通风良好。

◆（动　线）主通道为 U 形动线，延伸出如枝丫状小动线。

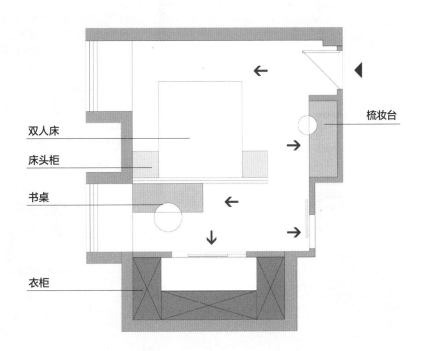

梳妆台

双人床

床头柜

书桌

衣柜

改造后
破解法 **B**

保留三间卧室，客餐厅更开阔，主卧仍在北面，
将宠物区设置在南面，两个卫生间互换位置。

**不同之处 1**
**弧面造型提升空间柔和感**

客厅背景墙为弧面造型，南
阳台与客厅、餐厅打通后，
可作为宠物起居空间。餐厅
采用西厨收纳柜与桌面相结
合的方式，节省空间，弧边
桌面与电视背景墙呼应。

**不同之处 2**
**走道中心加设缓冲区**

走道较为宽阔，缓冲走道入口宽约
820 mm，利用原承重柱与墙体凹陷
处，做收纳柜，增加储藏容积。

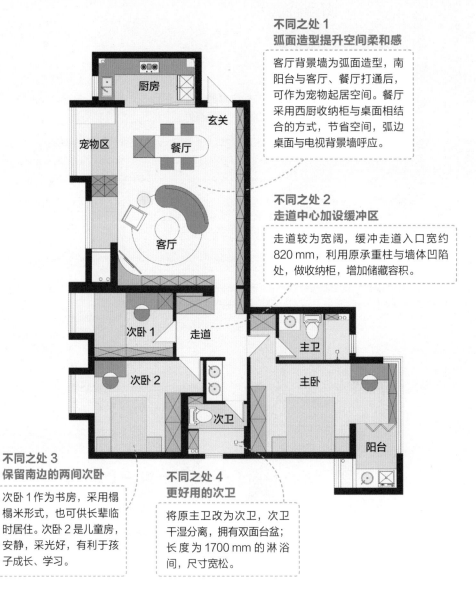

**不同之处 3**
**保留南边的两间次卧**

次卧 1 作为书房，采用榻
榻米形式，也可供长辈临
时居住。次卧 2 是儿童房，
安静，采光好，有利于孩
子成长、学习。

**不同之处 4**
**更好用的次卫**

将原主卫改为次卫，次卫
干湿分离，拥有双面台盆；
长度为 1700 mm 的淋浴
间，尺寸宽松。

# 重要功能区改造要素

**核心功能实现**

◆ (空间特点) 将原北阳台分成两个部分，采光更好的部分给读书角，另一边为家政间。

◆ (家具设置) 主卧靠近北阳台，包含收纳、休息、阅读三种功能。入户门背后是次净衣柜，与净衣柜完全独立。

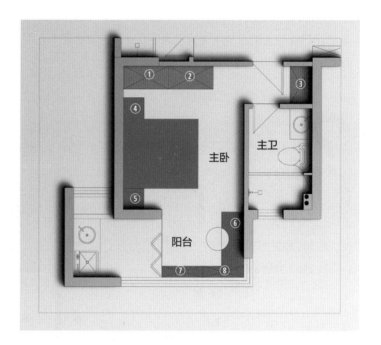

**家具尺寸参考**

①② 净衣柜（均长 1200 mm，深 600 mm，高到顶）

③ 次净衣柜（长 970 mm，深 600 mm，高到顶）

④⑤ 床头柜（均长 550 mm，深 550 mm，高 600 mm）

⑥ 书桌（长 1400 mm，宽 600 mm，高 750 mm）

⑦⑧ 书柜（均长 1000 mm，深 300 mm，与窗台等高）

第 18 号家

# 房间虽多，但面积都偏小，业主衣物较多，想要衣帽间

私人衣物超多，
喜欢一起扮演角色的可爱母女

收纳无规划，物品装不下

**套内面积：71 m²　　位置：电梯公寓楼 15 层中间户　　户型：3 室 2 厅 1 卫**

　　户型呈多边形，东南向是主要的通风、采光面，房屋有五处承重柱。改造以满足母女两人的日常生活需求为主，业主的衣物较多，希望拥有一个独立衣帽间，房屋的功能分配侧重于收纳、学习与工作。

**? 改造前问题**

**问题 1
卧室收纳空间不足**

业主私人衣物较多，原卧室格局难以满足收纳需求。

**问题 2
餐厨空间使用不便**

入户即餐厅，采光不良，用餐体验感差。且餐厨空间面积小，原格局难有拓展功能，不能满足生活需求。

**问题 3
客厅面积偏小**

客餐厅在同一个空间，客厅缩在小小的角落里，难有拓展功能。

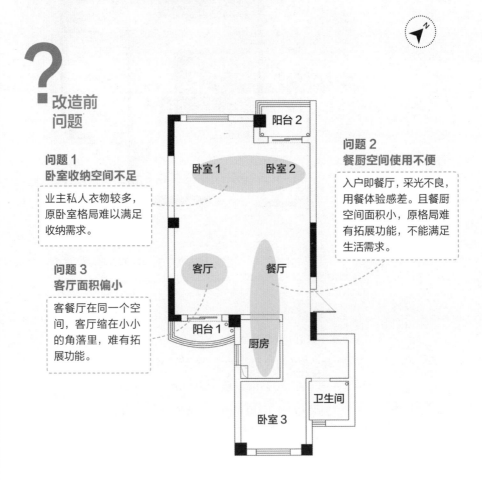

改造后
破解法 **A**

根据实际居住人数、具体需求重新划分功能区。
动静分区明确，居住更舒适。

**破解 1**
**重组卧室格局**

主卧宽敞，拥有独立衣帽间。次卧是儿童房，可灵活采用活动家具，书柜收纳功能强大。

**破解 3**
**扩展客厅空间**

打通原客厅、餐厅，空间开阔敞亮，沿墙定制整排书柜，可去掉茶几，让活动空间更显大。整体设计轻娱乐功能，重阅读与亲子互动。

**破解 2**
**餐厅改位**

将餐厅移至原东南面的卧室，将入户的清洁动线与就餐动线分开。扩充餐厅、厨房的储藏功能，增加西厨柜，并搭配使用双开门冰箱。

---

# 重要功能区改造要素

---

**1** 空间尺度把控

◆ （主　卧） 主卧横向长 4370 mm，入口通道宽约 1330 mm。若在床尾放置梳妆台，则后通道宽约 600 mm。也可置换成书桌配合小型书架或活动矮柜等。独立衣帽间总深度约为 1500 mm，入口宽度是 800 mm。

◆ （次　卧） 主通道宽度约 950 mm，可置换为高低床或其他类型的单人床。

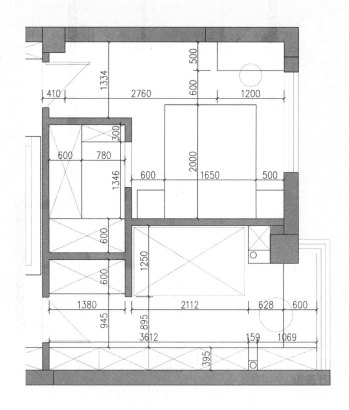

**收纳
规划
布局**

◆（ **主 卧** ）衣柜（衣帽间）+床头柜+梳妆台。主卧大床尺寸为
1650 mm×2000 mm，衣帽间衣柜总长度约3810 mm。因入口主
通道宽敞，可在床尾添置五斗柜、单人沙发、梳妆台等。

◆（ **次 卧** ）衣柜+高低床+书柜+书桌。次卧床铺的选择较为灵活，
大龄儿童可以选用高低床，青少年时期可以用单人床，建议宽度不超过
1250 mm，长度控制在2100 mm以内。

**功能
动线
优化**

◆（ **功 能** ）将原卧室改为西厨+餐厅，避免入户动线与用餐动线交
叉，同时拓展了烹饪、收纳功能。

◆（ **动 线** ）厨房呈形U形布局，水槽、燃气灶和备餐台呈高效的三
角动线。从厨房到餐厅距离短，且餐厅内有西厨操作台、蒸烤箱等设备
高柜，功能完备。冰箱位于餐厨空间的中心位置，拿取物品方便。

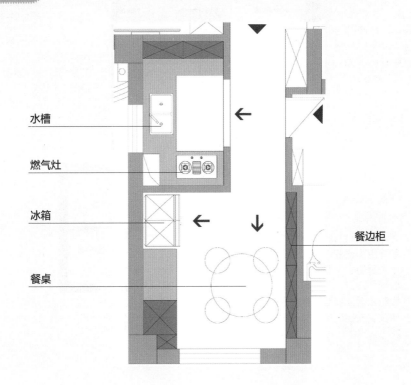

水槽

燃气灶

冰箱

餐边柜

餐桌

## 改造后破解法 B

较之 A 方案，整体更注重收纳设计，餐厨空间更舒适，追求更宽敞、明亮的主卧，衣帽间功能更强大。

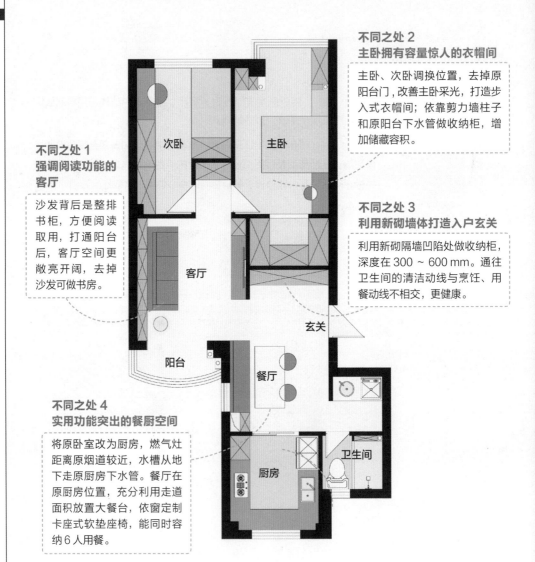

**不同之处 1**
**强调阅读功能的客厅**

沙发背后是整排书柜，方便阅读取用，打通阳台后，客厅空间更敞亮开阔，去掉沙发可做书房。

**不同之处 2**
**主卧拥有容量惊人的衣帽间**

主卧、次卧调换位置，去掉原阳台门，改善主卧采光，打造步入式衣帽间；依靠剪力墙柱子和原阳台下水管做收纳柜，增加储藏容积。

**不同之处 3**
**利用新砌墙体打造入户玄关**

利用新砌隔墙凹陷处做收纳柜，深度在 300 ~ 600 mm。通往卫生间的清洁动线与烹饪、用餐动线不相交，更健康。

**不同之处 4**
**实用功能突出的餐厨空间**

将原卧室改为厨房，燃气灶距离原烟道较近，水槽从地下走原厨房下水管。餐厅在原厨房位置，充分利用走道面积放置大餐台，依窗定制卡座式软垫座椅，能同时容纳 6 人用餐。

# 重要功能区改造要素

**核心功能实现**

◆ 空间特点 拆除非承重墙，按收纳要求严格计算所需的家具尺寸，在保持通道宽度舒适的前提下，尽可能增加收纳容积。

◆ 家具设置 利用新砌墙壁凹陷处定制家具，最大化利用空间，两间卧室均有休息、阅读、收纳功能。

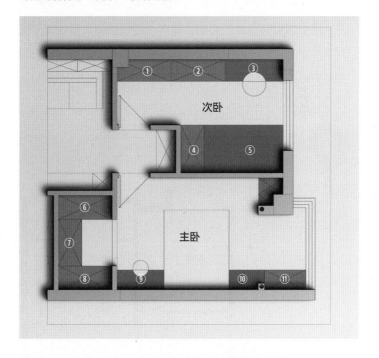

**家具尺寸参考**

①② 衣柜（均长 1375 mm，深 550 mm，高到顶）

③ 书桌（长 1500 mm，宽 550 mm，高 750 mm）

④ 衣柜（长 1200 mm，深 600 mm，高到顶）

⑤ 榻榻米单人床（长 2030 mm，宽 1200 mm，高 450 mm）

⑥⑧ 衣柜（均长 1380 mm，深 600 mm，高到顶）

⑦ 衣柜（长 1160 mm，深 600 mm，高到顶）

⑨ 化妆台（长 1060 mm，深 500 mm，高 750 mm）

⑩ 收纳柜（长 760 mm，深 500 mm，高到顶）

⑪ 收纳柜（长 1060 mm，深 500 mm，高到顶）

## 第19号家

# 单位分房，不能改动房屋结构，家具规划能灵动有趣吗？

### 勤练舞蹈的女儿和常常沉浸书海的父母

套内面积：78 m² | 位置：电梯公寓楼15层中间户 | 户型：3室2厅1卫

这个新房呈缺角长方形，客厅、阳台朝南，居住成员是年轻夫妻和一个5岁半的女儿，夫妻俩酷爱读书，孩子喜欢跳舞。业主希望改造能满足个性化需求，并拥有更多收纳空间，同时兼顾家人的兴趣爱好。限制条件是房间内所有的门窗、结构、管道都不能改动。

**?** 改造前问题

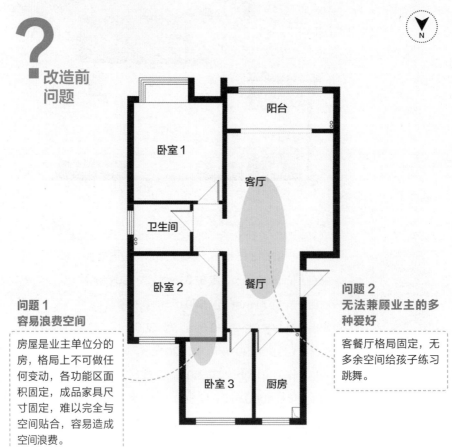

**问题1**
**容易浪费空间**

房屋是业主单位分的房，格局上不可做任何变动，各功能区面积固定，成品家具尺寸固定，难以完全与空间贴合，容易造成空间浪费。

**问题2**
**无法兼顾业主的多种爱好**

客餐厅格局固定，无多余空间给孩子练习跳舞。

**改造后破解法 A**

贴合建筑墙体尺寸，主要大件收纳柜采用定制形式。拆除原客厅和阳台之间的移门，扩大客厅面积。

**破解 2**
**客厅向阳台拓展**

客厅以活动家具为主，仅在沙发背后和电视背景墙侧定制少量柜体，为孩子留出活动场地。

**破解 1**
**定制与活动家具搭配**

年轻人对家具的喜好往往不会一成不变，三五年就想更换新的。依墙定制家具，增加收纳容积，搭配小型活动家具，给业主未来更换样式、调整风格留出余地。

# 重要功能区改造要素

<table>
<tr><td>空间<br>尺度<br>把控</td></tr>
</table>

◆ 客餐厅 入户通道宽1000 mm，客厅、餐厅的主要通道宽度均保持在1000 mm以上。电视背景墙到沙发背景墙之间的距离是3740 mm。

◆ 厨 房 厨房通道宽1090 mm。

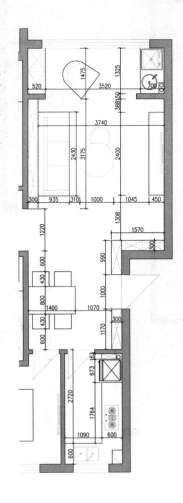

**收纳规划布局**

◆ 客　厅　沙发背后书柜＋茶几＋电视柜。沙发小巧精致，搭配可以拆分组合的圆形茶几，留出宽敞的活动场地。

◆ 餐　厅　鞋柜＋餐边柜＋收纳柜。入户门两旁的定制柜总长度为 2160 mm，深 300 mm。入户右侧柜体依墙顺势到客厅，长 1270 mm，用来收纳影音设备等物品。餐桌长 1400 mm，宽 800 mm，能满足三口之家的需求。

---

**功能动线优化**

◆ 功　能　利用下水管与淋浴隔断空隙新砌短墙，形成壁龛，增加收纳容积。

◆ 动　线　洗手盆离门口最近，动线最短。坐便器在窗户附近，通风良好。淋浴间位于角落，使用频率低，钻石形淋浴间最节省空间。

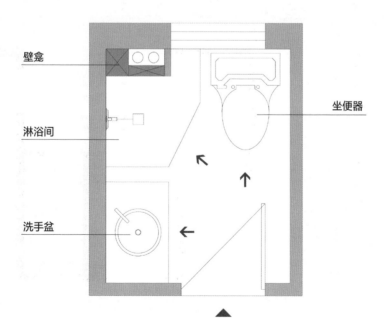

壁龛
淋浴间
洗手盆
坐便器

改造后
破解法 **B**

较之 A 方案，整体格局更偏重收纳设计。尽可能利用好每一面墙壁，增加收纳容积。

**不同之处 1**
**立面效果更整体的主卧**

靠近衣柜一侧的床头柜与衣柜为一体式设计，台面穿入柜体，相交处的柜体无门板，台面较长，亦可作为临时梳妆台，定制家具整体感更强。

**不同之处 2**
**功能丰富的儿童房**

次卧 1 是儿童房，采用较复杂的定制床，上方是床铺，下方可放入收纳柜或置物架，搭配儿童沙发；在窗户附近营造阅读氛围，靠近窗户附近是学习角。

**不同之处 3**
**多出一间卧室**

次卧 2 内布置有榻榻米床、书桌、收纳柜，可作为老人临时居住的客房或第二个孩子的儿童房。

主卧

阳台

客厅

卫生间

次卧 1

餐厅

次卧 2

厨房

# 重要功能区改造要素

核心
功能
实现

◆ (空间特点) 两间次卧均采用定制家具，节省空间，增加收纳容积。

◆ (家具设置) 通常，从婴儿到青少年时期，儿童的物件居于家庭成员之首。定制家具贴合建筑结构，选择轻巧款型，不显拥挤。

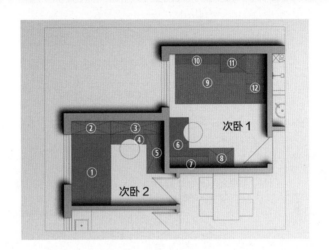

家具
尺寸
参考

① 榻榻米床（长 2000 mm，宽 1200 mm，高 450 mm）

② 收纳柜（长 1200 mm，深 400 mm，高到顶）

③ 收纳柜（长 1600 mm，深 400 mm，高到顶）

④ 书桌（长 1000 mm，宽 700 mm，高 750 mm）

⑤ 衣柜（长 1200 mm，深 600 mm，高到顶）

⑥ 转角书桌（总长约 2100 mm，宽 600 mm，高 750 mm）

⑦ 书架（长 1200 mm，宽 350 mm）

⑧ 衣柜（长 800 mm，深 600 mm，高到顶）

⑨ 定制床（长 2200 mm，宽 1500 mm，高 1600 mm）

⑩ 床下书架（长 1400 mm，宽 300 mm，高 1200 mm）

⑪ 床下衣柜（长 800 mm，深 550 mm，高 1600 mm）

⑫ 踏步抽屉（3 个，每个长 640 mm，深 600 mm）

第20号家

# 功能"鸡肋"的入户花园，每天一进门，鞋子乱糟糟

## 注重居家仪式感的老夫妻，时刻想让家保持整洁清爽

**套内面积：107 m²    位置：电梯公寓楼 9 层边户    户型：3 室 2 厅 2 卫**

这是一套房龄有 20 年的旧房，户型呈多边形，房屋正中有剪力墙，边角有承重柱，三间卧室均朝东南面。改造需考虑中老人的生活习惯，确保通道宽松，收纳便利，保持庄重的仪式感；同时兼顾两位老人的爱好，如饮茶、书法等。

**?**
改造前
问题

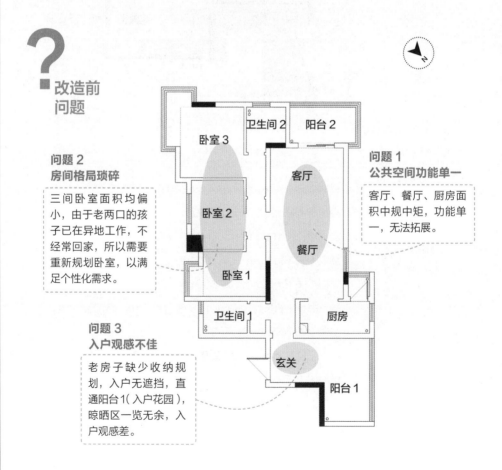

**问题 2**
**房间格局琐碎**

三间卧室面积均偏小，由于老两口的孩子已在异地工作，不经常回家，所以需要重新规划卧室，以满足个性化需求。

**问题 1**
**公共空间功能单一**

客厅、餐厅、厨房面积中规中矩，功能单一，无法拓展。

**问题 3**
**入户观感不佳**

老房子缺少收纳规划，入户无遮挡，直通阳台1(入户花园)，晾晒区一览无余，入户观感差。

卫生间 2　阳台 2
卧室 3
客厅
卧室 2
餐厅
卧室 1
卫生间 1　厨房
玄关
阳台 1

## 改造后破解法 A

拆除所有非承重墙，按照老夫妻的个性化需求，重新划分功能区，并规划收纳空间。

**破解 1**
**优化公共空间的功能**

将西南面阳台与客厅合并，在窗台下做矮柜，增加收纳空间，弧形沙发搭配弧形造型电视背景墙，空间更显轻盈。餐厅岛台与西厨结合，中厨与生活阳台相邻，功能丰富。

**破解 2**
**重新配置主卧空间**

主卧为套房格局，带卫生间和书房，书房正对客厅入口，采用全折叠式推拉门。

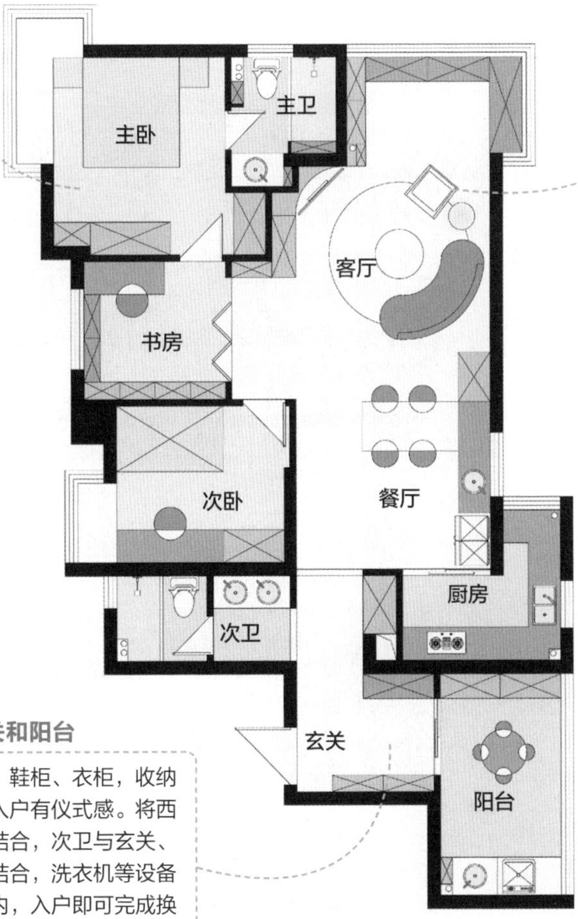


**破解 3**
**以隔断分开玄关和阳台**

玄关处有换鞋凳、鞋柜、衣柜，收纳分类井井有条，入户有仪式感。将西南面阳台与茶室结合，次卫与玄关、家政阳台的功能结合，洗衣机等设备统一藏于家政柜内，入户即可完成换鞋、更衣、清洁等工作。

# 重要功能区改造要素

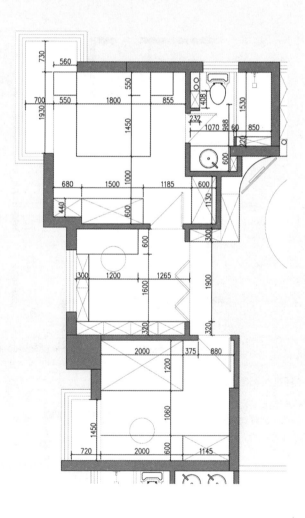

**空间尺度把控**

◆ （主　卧）主卧采用较为克制的布局，留出宽松的走道，更适合中老年人使用。主卧、次卧的主通道均保持在 1000 mm 以上。

◆ （书　房）主通道保持在 1000 mm 以上，书房正对客厅入口，采用全折叠式推拉隔断门，宽度约 1900 mm。

◆ （次　卧）主通道保持在 1000 mm 以上。

**收纳规划布局**

◆ （主　卧）衣柜＋床头柜。主卧采用标准双人床，衣柜分次净衣与净衣，柜体总长度约 2600 mm。主卫浴室柜长约 1000 mm；淋浴间长 1530 mm，宽 850 mm，尺度宽松。

◆ （书　房）书桌＋书架＋书柜。书桌长 1500 mm，宽 600 mm；窗台下书架长 1600 mm，深 300 mm；背景书柜长约 2650 mm，深 320 mm，收纳功能强大。

---

**功能动线优化**

◆ （功　能）拓展、合并空间，形成功能齐全、尺度宽松、氛围庄重的多功能门厅，适合中老年人使用。鞋柜对面是可坐式矮柜，可将拖鞋藏于坐板下方，以保持玄关通道的整洁。

◆ （动　线）玄关串联起次卫和家政阳台，入户即可完成换鞋、更衣、清洁等一系列工作。

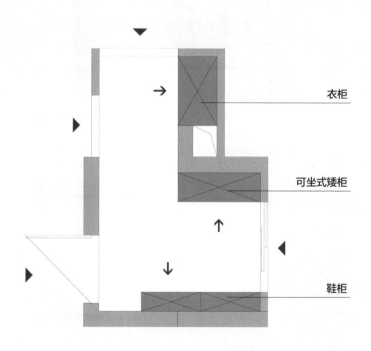

衣柜

可坐式矮柜

鞋柜

改造后破解法 B

较之 A 方案，整体氛围更为庄重。改变阳台的用途，彻底解决入户不够整洁的问题。

**不同之处 1**
**功能完备的主卧**

主卧为套房格局，包含独立更衣间、书房和主卫，功能更齐全。书房与卧床之间使用全折叠隔断门，打开以后，空间更显宽敞大气。

**不同之处 2**
**晾晒区在西面阳台**

西南面阳台比东北面阳台采光更好，小圆桌搭配圆凳，观景更惬意。

**不同之处 3**
**庄重素雅的客厅**

客厅格局方正，依靠窗台下方定制整体书柜，风格统一庄重。三人位沙发搭配单人座椅，使用舒适。

**不同之处 4**
**将原东北面阳台改造为餐厅**

餐厅视野极佳，餐桌采用大岛台与原木板桌面相结合的形式，也可作为茶室或书法室，安静闲适。

# 重要功能区改造要素

核心功能实现

◆ (空间特点) 随着年龄的增长，业主格外注重空间的舒适氛围。主卧通道尺度宽松，在各功能区入口采用极窄门套搭配推拉门，行走更顺畅。

◆ (家具设置) 壁龛和收纳柜集中在主卫与更衣间，精简休息区和阅读区的家具，家具布局灵活，方便后期更换，空间氛围更舒缓。

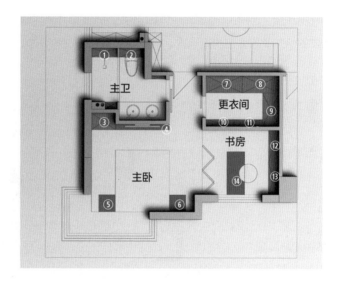

家具尺寸参考

①② 砖砌壁龛（均长 850 mm，深 300 mm，高 400 mm）

③ 衣柜（长 800 mm，深 550 mm，高到顶）

④ 木作电视背景墙（长 1800 mm，深 180 mm，高到顶）

⑤⑥ 床头柜（均长 550 mm，深 550 mm，高 600 mm）

⑦⑧ 衣柜（均长 1200 mm，深 550 mm，高到顶）

⑨ 衣柜（长 1000 mm，深 550 mm，高到顶）

⑩⑪ 鞋柜（均长 925 mm，深 220 mm，高到顶）

⑫⑬ 书柜（均长 1000 mm，深 350 mm，高到顶）

⑭ 书桌（长 1400 mm，宽 600 mm，高 750 mm）

**第 21 号家**

# 无客厅三居室，孩子的玩具堆成山，一收拾就累趴下

夫妻俩盼着少做一点家务，
多陪陪孩子

| 套内面积：85 m² | 位置：电梯公寓楼 5 层中间户 | 户型：3 室 2 厅 2 卫 |

该户型呈凸角长方形，南面是主要的通风、采光面。房屋角落有承重柱，内部有承重墙。改造以满足三口人的日常生活需求为主。孩子年纪小，玩具、读物较多，夫妻最害怕收拾玩具，希望家有强大的收纳功能，能便于快速整理。

**? 改造前问题**

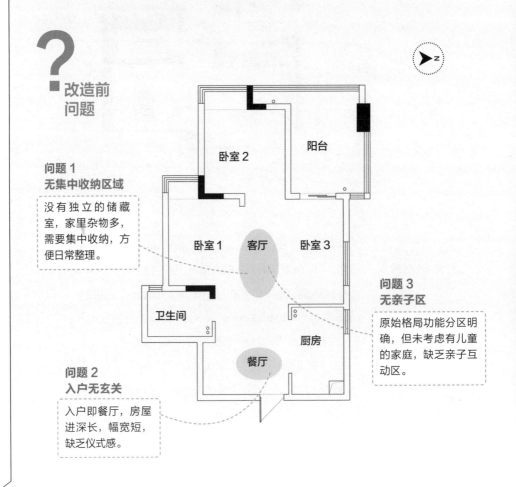

**问题 1**
**无集中收纳区域**

没有独立的储藏室，家里杂物多，需要集中收纳，方便日常整理。

**问题 3**
**无亲子区**

原始格局功能分区明确，但未考虑有儿童的家庭，缺乏亲子互动区。

**问题 2**
**入户无玄关**

入户即餐厅，房屋进深长，幅宽短，缺乏仪式感。

卧室 2

阳台

卧室 1　客厅　卧室 3

卫生间

厨房

餐厅

改造后
破解法 A

在各功能分区明确，总面积有限的前提下，将亲子区整合到客餐厅内，同时结合墙壁走势综合考量收纳规划。

**破解 1**
**将亲子区与客餐厅功能合并**

房屋中间以矮隔断作为电视背景墙，界定客厅和餐厅。客厅兼具娱乐功能，设计带有升降台的坐榻，坐榻容量大，能高效解决玩具收纳问题。在非用餐时间，餐厅大桌台可用于父母辅导孩子功课。

阳台

主卧

次卧

客厅

餐厅

卫生间

储藏室

厨房

玄关

**破解 2**
**打造独立玄关**

以定制柜体围合出独立玄关，收纳鞋帽、衣物，一旁的卫生间干湿分离，双面洗手台与玄关功能结合，入户即可完成更衣、清洁等工作。

**破解 3**
**设置独立储藏室**

将家里不常用的物品统一集中到储藏室，方便家务整理。

# 重要功能区改造要素

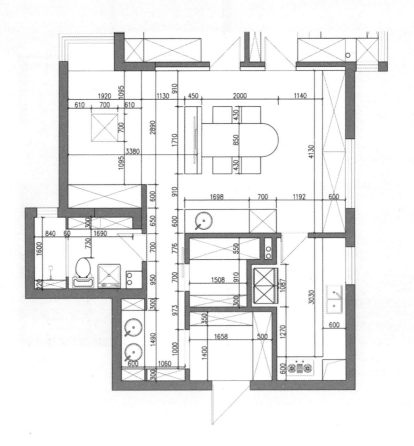

**空间尺度把控**

◆ 客餐厅 入户通道宽约 1400 mm，从餐厅去往厨房的走道宽约 1190 mm，去卧室的走道宽约 910 mm，电视背景墙到坐塌背景墙之间的距离约 3380 mm。

◆ 厨 房 封闭式厨房内走道宽约 1190 mm，门扇宽 800 mm。灶台和水槽、冰箱呈三角动线，操作高效。

◆ 卫生间 走道最小宽度是 730 mm，适宜一人通过。

**收纳规划布局**

◆ （ 客 厅 ） 带升降式桌台的坐榻 + 收纳柜 + 电视台矮柜。客厅定制坐榻长 2890 mm，宽 1920 mm，高 450 mm，升降桌可作为观影茶几或小书桌。高立柜与卧式箱体结合的收纳方式，让家务更轻松便利。

◆ （ 餐 厅 ） 西厨橱柜 + 收纳柜 + 餐桌 + 窗台下收纳柜。餐桌四周的通道形成洄游动线，家庭成员之间沟通无障碍。

---

**功能动线优化**

◆ （ 功 能 ） 原阳台拥有朝向东、北、西面的窗户，将朝向西面的窗户附近作为晾晒区，其余空间作为次卧，供孩子居住，采光效果极佳，且隔声效果好。

◆ （ 动 线 ） 一字形动线，双向通道，定制家具布局紧凑，收纳功能强大。

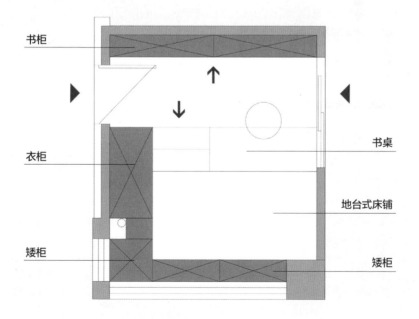

书柜

衣柜

矮柜

书桌

地台式床铺

矮柜

改造后
破解法 **B**

考虑未来夫妻俩可能会再生育一个孩子，保留
三间卧室，整体格局更注重收纳设计，拓展玄关功能。

**不同之处 1**
**客厅采用经典格局**

电视背景依靠墙壁做通
高立柜，沙发侧面是
矮书柜，形成高低层
次对比。

**不同之处 2**
**多出一间次卧**

客厅和次卧 1 中间用
全推拉折叠门隔开，
在新砌墙壁的凹陷处
放置冰箱和榻榻米床
铺，临近窗户处是书
桌和衣柜。

**不同之处 3**
**独立玄关和储藏室相结合**

进门打造独立玄关，以门洞
形式与餐厨空间分隔。可坐
式矮柜搭配墙壁洞洞板、收
纳高柜，满足一家四口人的
入户收纳需求。

**不同之处 4**
**规划餐厨一体式空间**

餐厅与开放式厨房一体，桌面
长 1500 mm，宽 800 mm，
弧形边缘让厨房入口通道更
显宽敞。入口最窄处宽约
850 mm，餐厅最多可容纳 5
人同时用餐。

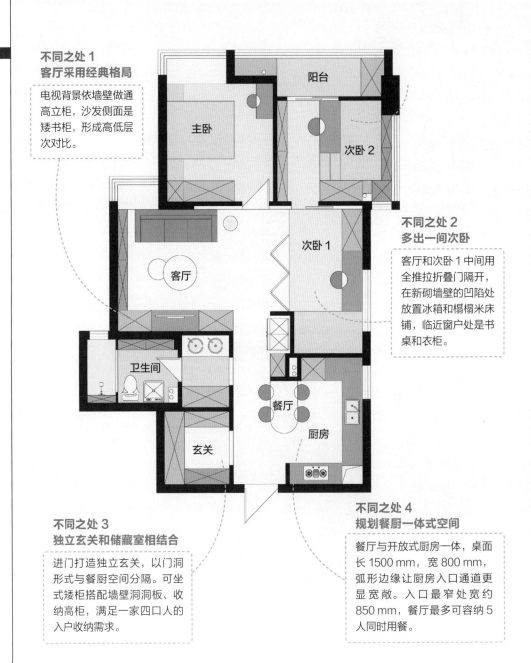

# 重要功能区改造要素

核心
功能
实现

◆ (空间特点) 依墙壁走势，按照功能分区，将收纳柜分布于空间四周。

◆ (家具设置) 厨房采用U形柜体，提高收纳容积，设备高柜在餐桌侧面，取用便利。在客厅定制大量柜体，围合在墙壁两侧，能让孩子的玩具在短时间内全部消失于视野。独立玄关区内部为U形柜体，满足日常收纳需求。

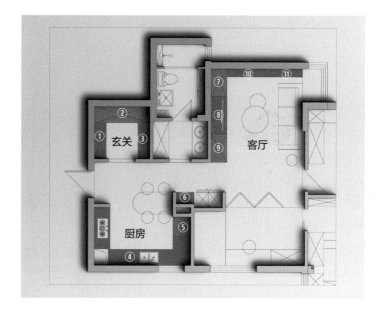

家具
尺寸
参考

① 矮柜（长1300 mm，深450 mm，高450 mm）

② 衣柜（长2000 mm，深600 mm，高到顶）

③ 鞋柜（长1300 mm，深450 mm，高到顶）

④ 地柜（总长约4300 mm，深600 mm，高820 mm）

⑤ 设备高柜（长700 mm，深600 mm，高到顶）

⑥ 收纳柜（长700 mm，深440 mm，高到顶）

⑦⑨ 收纳柜（均长1000 mm，深600 mm，高到顶）

⑧ 电视矮柜（长1400 mm，深600 mm，高350 mm）

⑩⑪ 矮柜（均长1400 mm，深300 mm，高900 mm）

第 22 号家

# 带空中花园的两居室，
# 家政间藏哪儿才更美观？

### 虽是"蜗居"，
### 但也想要井然有序的生活

套内面积：74 m²　　位置：电梯公寓楼 32 层中间户　　户型：2 室 2 厅 1 卫

该户型偏 7 字形，客厅、阳台 1 和主卧朝南，南北通透，风景好。房子中有四道承重墙。设计以满足三口人的日常生活需求为主。夫妻俩平时工作十分忙碌，经常出差，希望家政事务越简洁、越便利越好。

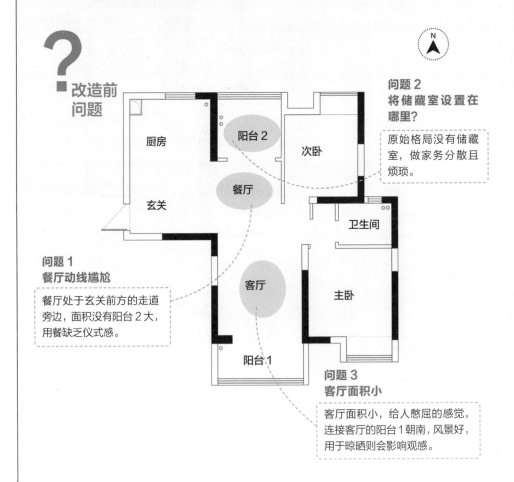

? 改造前问题

问题 2
将储藏室设置在哪里？

原始格局没有储藏室，做家务分散且烦琐。

问题 1
餐厅动线尴尬

餐厅处于玄关前方的走道旁边，面积没有阳台 2 大，用餐缺乏仪式感。

问题 3
客厅面积小

客厅面积小，给人憋屈的感觉，连接客厅的阳台 1 朝南，风景好，用于晾晒则会影响观感。

厨房　玄关　阳台 2　餐厅　次卧　卫生间　客厅　主卧　阳台 1

N

**改造后破解法 A** 重组餐厅与阳台2的格局，增加家政间，以墙体、柜体造型来统一客餐厅的立面效果。

**破解 1**
**扩大餐厅面积**

餐厅是相对独立的空间，更适宜四人用餐，氛围轻松；餐厨动线更加合理，且不与玄关入户动线交叉；家政间位于餐厅旁，可满足晾晒需求。

**破解 2**
**厨房与玄关"背靠背"**

玄关侧面墙体凹进，正好嵌入玄关柜，厨房入口面对餐厅，餐厨动线短。入户走道一侧是独立储藏室，整理家务更快捷。

**破解 3**
**扩大客厅面积，改变阳台功能**

打通客厅与阳台1，定制柜体与承重墙端口平齐，拉直电视背景墙立面线条。

# 重要功能区改造要素

1 空间尺度把控

◆ （主 卧） 走道最宽处约有 1100 mm。

◆ （次 卧） 次卧是儿童房，最小走道宽度在 900 mm 以上，进门走道宽度保持在 800 mm 以上。

◆ （卫生间） 主卧和次卧的剪力墙限制了卫生间的尺度，为了满足卫生间干湿分离、双台盆的设计需求，通道入口宽约 750 mm，通道内宽度保留在 800 mm 左右，卫生间门宽 700 mm。

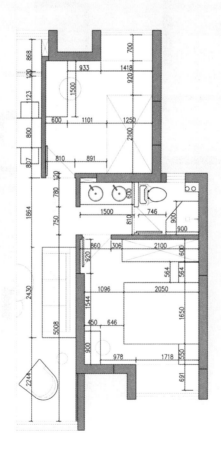

**收纳规划布局**

◆ （主　卧）衣柜 + 床头柜 + 梳妆台。主卧衣柜长 2100 mm，双人床架尺寸为 1650 mm×2050 mm×450 mm，以便床尾走道足够宽敞。梳妆台可作为小书桌使用。

◆ （次　卧）衣柜 + 高架床 + 书桌。为了预留更大的活动空间，次卧使用高架床，床架长 2100 mm，宽 1200 mm，上方为床铺，下方是小型收纳柜和活动空间。

---

**功能动线优化**

◆ （功　能）卫生间采用透光不透影的玻璃平开门，改善洗手盆走道采光。坐便器在入口附近，通风良好，钻石形淋浴间更节省空间。

◆ （动　线）无论从客厅、餐厅还是卧室去洗手盆位置，都十分便利。L 形动线节省空间，高效。

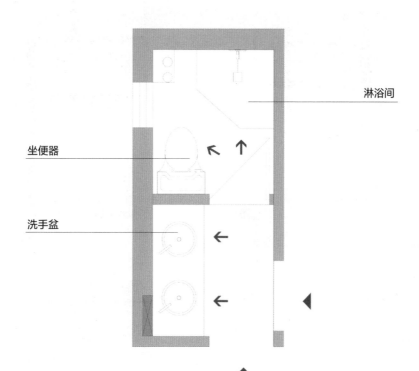

淋浴间

坐便器

洗手盆

## 改造后破解法 B

两室改三室，收纳多为集中储藏，布局紧凑，减少往返动线，空间显宽敞。

**不同之处 1**
**调整入户门，扩增储藏室面积**

将玄关整体移动，定制长约 2200 mm 的鞋柜和容量超大的储藏室，集中存放家用杂物，让家务更轻松。

**不同之处 2**
**将阳台 2 改为书房**

利用北面大采光面的窗户，定做书桌，供两人同时办公；在凹陷墙体处做书柜和层板架；书房门使用全开折叠吊装滑门，改善餐厅采光。

**不同之处 3**
**餐厅采用弧面造型墙**

利用次卧和书房之间的缺角墙面，在餐厅做圆弧形软包卡座，搭配圆桌和单椅，满足三口人的日常用餐需求。

**不同之处 4**
**卧室采用集中式收纳**

两间卧室均采用上床、下衣柜的定制床架，既增加衣物的收纳容积，又能保证过道宽敞舒适。

# 重要功能区改造要素

**核心功能实现**

◆ (空间特点) 由书房进入次卧，次卧入口隐藏在书房内，书房采用全折叠推拉隔断门，空间通透敞亮。

◆ (家具设置) 超长书桌在窗户正前方，有效利用墙壁凹陷处，增加收纳容积。

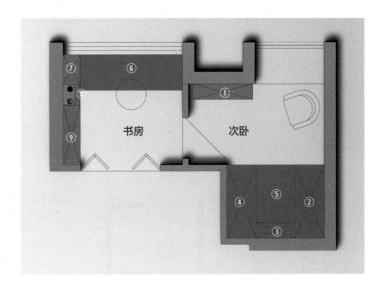

**家具尺寸参考**

① 矮柜（长 1200 mm，深 300 mm，高 900 mm）

②④ 床架下方衣柜（均长 1400 mm，深 600 mm，高 1800 mm）

③ 床架下方衣柜（长 800 mm，深 300 mm，高 1800 mm）

⑤ 床架下方通道（长 1100 mm，宽 800 mm）

⑥ 双人书桌（长 2000 mm，宽 700 mm，高 750 mm）

⑦ 书柜（带玻璃门）（长 600 mm，深 350 mm，高到顶）

⑧ 展示架（长 400 mm，深 120 mm，高到顶）

⑨ 收纳柜（长 1200 mm，深 350 mm，高到顶）

第23号家

# 精装房不做大的改动，
# 全屋都使用活动家具，行不行？

三五年会有工作变动的单身人士，
过渡期房屋改造

**套内面积：76 m²**　　**位置：电梯公寓楼16层边户**　　**户型：2室2厅1卫**

这是一套精装新房，户型呈长方形，南面是主要的通风、采光面。业主目前单身，因房屋地点距离工作单位较近，他将这里作为近几年的短期住所，以一人生活需求为主。业主希望尽可能多地使用活动家具，方便在未来改变房间功能用途。

? 改造前
问题

**问题 1**
**卫生间未干湿分离**

卫生间处于两个卧室之间，未做干湿分离且面积偏小。

**问题 2**
**玄关无鞋柜位置**

入户走道比较窄，几乎没有预留鞋柜的位置。

**问题 3**
**厨房面积偏小**

厨房连通小阳台，有两个出入口，只能打造一字形薄款橱柜，操作台面积小，难以满足使用需求。

改造后
破解法 A

在控制整体造价的前提下，改善基本功能空间，
让玄关、厨卫空间都能满足日常需求，实用且美观。

**破解 1**
**拓展卫生间功能**

卫生间实现干湿分
离，几乎不改动原卫
生间格局，坐便器、
淋浴间位置不变。

**破解 3**
**拓展厨房空间**

将厨房与阳台2合并，
扩大厨房面积，采用
L形定制橱柜，并在
餐厅一侧设置高柜，
增加收纳容积。

**破解 2**
**玄关悬挂薄柜**

为了节省空间，将悬挂薄柜设计
在入户走道的一侧，配置换鞋凳，
满足日常需求。

# 重要功能区改造要素

**1**
**空间**
**尺度**
**把控**

◆ （玄　关）入户通道宽约 900 mm。

◆ （客餐厅）主要通道宽度均保持在 700 mm 以上，电视背景墙到沙发背景墙之间的距离约 3000 mm，由公共区域去往私密区域的通道宽度约 1000 mm。

◆ （阳　台）保留原始宽度约 1860 mm。

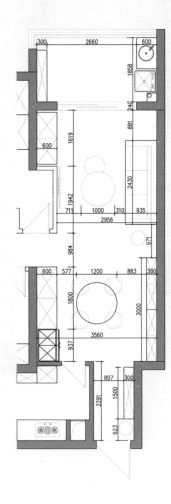

**收纳规划布局**

◆（　玄　关　）入户通道一侧的悬挂柜长 1500 mm，深 300 mm，可搭配换鞋凳使用。

◆（　客　厅　）活动书柜 + 茶几 + 活动收纳高柜。在电视背景墙旁新砌墙壁，在凹陷处嵌入活动收纳柜（长 1500 mm，深 600 mm）。

◆（　餐　厅　）活动餐边柜。餐边柜长 1800 mm，深 600 mm，可搭配直径约 1200 mm 的圆形餐桌。餐桌一侧是活动书柜，每组长 1500 mm，深 300 mm。

---

**功能动线优化**

◆（　功　能　）除了常规橱柜，利用包水管的墙壁凹陷处设置收纳架，并在橱柜对面设置深度不同的收纳柜。

◆（　动　线　）避免与玄关动线交叉，厨房入口直面餐厅。一字形通道，水槽临近窗户，燃气灶在烟道附近。

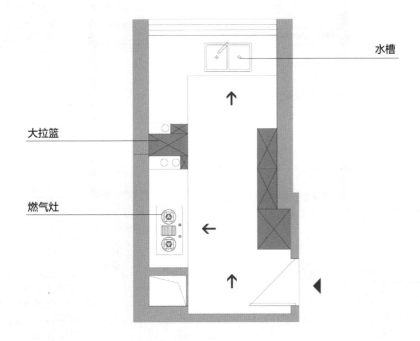

**改造后破解法 B**

较之 A 方案，更多考虑有孩子家庭的日常需求，为业主将来将房屋转手或用作他途，提供改造思路。

**不同之处 1**
**调整主卧开门位置，实现双台盆设计**

改变主卧开门的方向，新砌墙体，在卫生间干区打造双台盆，满足多人同时使用的需求。

**不同之处 2**
**面积更大的餐厅**

餐厅选用长方形餐桌，搭配条凳与餐椅，可同时供 6 人用餐。非用餐时间也可作为亲子活动区。

**不同之处 3**
**更实用的次卧**

次卧可用作儿童房或老人房，放置标准尺寸的单人床架，搭配书桌、书柜、衣柜，实现常规卧室功能。

**不同之处 4**
**借用厨房空间，扩大玄关面积**

借用厨房空间，在玄关设置两组鞋柜，原通道侧面是矮柜，正对入户门是高柜，层次更丰富，收纳容积更多。换鞋凳位于转角墙壁阴角处，使用更方便。

# 重要功能区改造要素

核心功能实现

◆ （空间特点）为了兼顾多人日常生活需求，家具布局灵活，层次丰富。

◆ （家具设置）以活动家具为主，客厅采用弧形沙发配三脚支架电视机，形成围合式布局，弧形沙发中和了餐厅家具的方正感，储物柜分散布局，整个空间更有趣味性。电视机到沙发位置的距离约 3200 mm，视野更开阔。

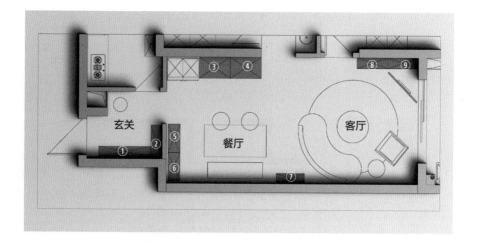

家具尺寸参考

① 矮柜（长 1500 mm，深 300 mm，高 1200 mm）

② 鞋柜（长 900 mm，深 300 mm，高 2400 mm）

③④ 餐边柜（均长 900 mm，深 600 mm，高 2400 mm）

⑤⑥ 餐边装饰柜（均长 800 mm，深 350 mm，高 1800 mm）

⑦ 书架（长 800 mm，宽 300 mm，高 900 mm）

⑧⑨ 电视柜（均长 900 mm，深 300 mm，高 2400 mm）

# 第 24 号家

# 拥有三面采光的四居室，长长的走道太浪费面积

## 男女分开的独立衣帽间，做精细化收纳，家庭更和睦

套内面积：129 m²　　位置：电梯公寓楼 22 层边户　　户型：4 室 2 厅 2 卫

　　这套房子的户型方正，西南面是主要的通风、采光面，房屋中间有四处承重墙。业主一家五口人，三代同堂，改造以满足三代人的日常生活需求，重点关注收纳功能，并对未来人口的增加提出有针对性的解决方案。

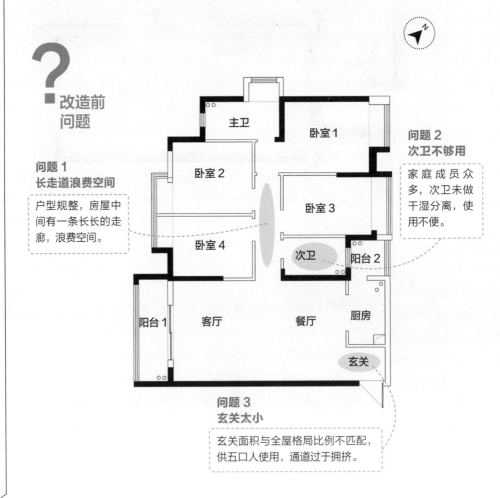

? 改造前问题

**问题 1**
**长走道浪费空间**

户型规整，房屋中间有一条长长的走廊，浪费空间。

**问题 2**
**次卫不够用**

家庭成员众多，次卫未做干湿分离，使用不便。

**问题 3**
**玄关太小**

玄关面积与全屋格局比例不匹配，供五口人使用，通道过于拥挤。

主卫　卧室1　卧室2　卧室3　卧室4　次卫　阳台2　阳台1　客厅　餐厅　厨房　玄关

**改造后破解法 A**

根据家庭实际需求，重新规划功能区，将主卧设置在东北面，比西南面卧室更安静，同时缩短原走廊的真实距离。

**破解 1**
**主卧入口改位**

主卧改由更衣间进入，缩短了原走廊的真实距离，空间更显宽敞。入口房间为更衣间兼书房，宽敞明亮。利用原走廊面积增加梳妆台，主卫淋浴间位于西北面，采用双台盆设计，让生活更便利。

**破解 2**
**改变次卫格局**

次卫干湿分离，将原走廊部分空间合并至次卫干区；淋浴间利用了原阳台2空间，确保多人使用时互不干扰。

**破解 3**
**拓展玄关空间**

将原厨房向原阳台2推进，让出更多玄关空间，得以嵌入收纳柜，同时增加厨房台面空间，空间利用率更高。

# 重要功能区改造要素

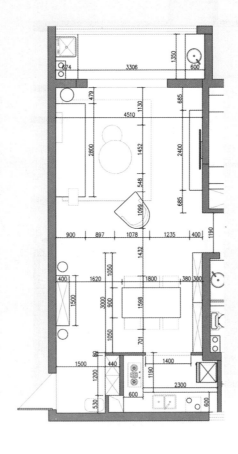

**空间尺度把控**

◆ （客餐厅）非用餐时段，客厅单椅与餐厅的过道距离约在 1430 mm；用餐时，宽度保持在 1000 mm 左右。

◆ （厨　房）厨房内走道宽 1190 mm，为保证采光效果，无门扇，门洞宽约 1400 mm。

◆ （玄　关）走道宽 1500 mm，适宜多人通过。

**收纳规划布局**

◆ ( 客 厅 ) 常规电视柜。客厅三人位沙发搭配单椅，茶几选用圆润小巧的套叠款式。电视柜选活动家具，方便更换，也可结合背景墙增加收纳空间。

◆ ( 餐 厅 ) 矮边柜 + 餐边柜。在餐厅放置六人位长桌，搭配两边的高柜与矮柜，收纳充分，错落有致。

**功能动线优化**

◆ ( 功 能 ) 更衣间内按照衣物使用频率进行收纳，结合动线设计更高效。靠近窗户处，利用飘窗台将桌面叠加在窗台上，形成 L 形阅读区。

◆ ( 动 线 ) 回家路线经过更衣间到主卧，在次净衣柜位置脱下外套更换家居服；出门路线则是出主卧，在次净衣柜位置将家居服脱下，更换外套。

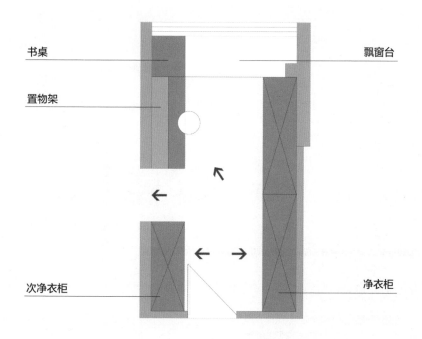

书桌

飘窗台

置物架

次净衣柜

净衣柜

### 改造后破解法 B

较之 A 方案，整体设计更注重主卧的复合功能，餐厅采用圆桌，更有助于凝聚一家人。柜体立面效果更加整体。

**不同之处 1**
**拥有两个更衣间的主卧**

将主卧放在西南面，卧室与主卫之间的空间作为阅读区或化妆间，配合书架和收纳柜，创造安静的私人空间。在无窗处设计两个独立更衣间，给男女主人使用。

**不同之处 2**
**老人房更安静**

次卧 2 为老人房，靠近房屋深处，更安静，有利于老人休息。放置宽 1800 mm 的双人大床架，窗户处可加设桌台。

主卫

次卧 2

次卧 1

主卧

次卫

更衣室　更衣室

阳台

客厅

餐厅

厨房

玄关

**不同之处 4**
**儿童房功能丰富**

次卧 1 在三五年内考虑给一个孩子使用，放置高低床架，在窗台处加设活动折叠桌。将来若有二孩，高低床下可以增加床铺，或者与次卧 2 置换空间。

**不同之处 3**
**收纳功能突出的客餐厅**

在客厅设置顶天立地的电视柜，柜体一直延伸至餐厅处，也可以灵活搭配矮柜，不占空间。

# 重要功能区改造要素

**核心功能实现**

◆ （空间特点） 以夫妻俩的生活需求为考量因素，更衣间在床头后方，为独立两间。主卫与卧室之间的空间可作为阅读区或化妆间。在主卫设计双台盆，两扇窗户能保证良好的通风、采光。

◆ （家具设置） 双人床尺寸宽大（2000 mm×2200 mm×450 mm），收纳柜与书架位置较为隐蔽。

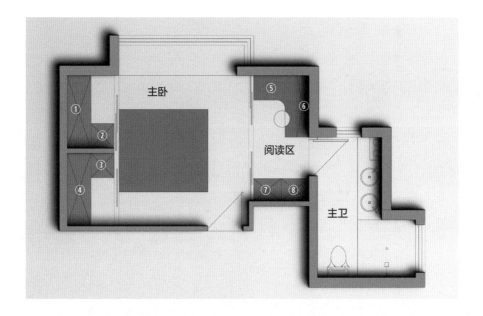

**家具尺寸参考**

①④ 净衣柜（均长1800 mm，深600 mm，高到顶）

②③ 次净衣柜（均长600 mm，深600 mm，高到顶）

⑤ 转角书桌（总长2300 mm，宽600 mm，高750 mm）

⑥ 书架（长1500 mm，宽300 mm）

⑦⑧ 高柜（均长700 mm，深550 mm，高到顶）

第 2 章

# 住宅格局的六类改造优化实例

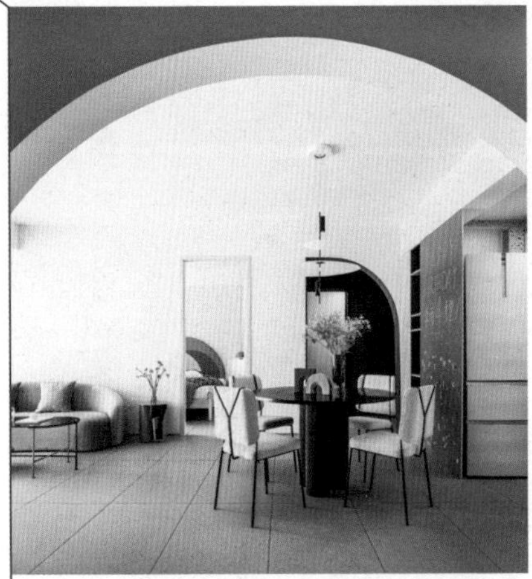

# 十字形动线创造通透格局，曲线形动线解决玄关清洁难题

## 将公寓房改成亲子乐园，沉浸式体验从玄关步入起居室

套内面积：91 m²
位置：电梯住宅楼 23 层中间户
原始户型：3 室 2 厅 2 卫
居住成员：3 人（夫妻 2 人 +1 个孩子）

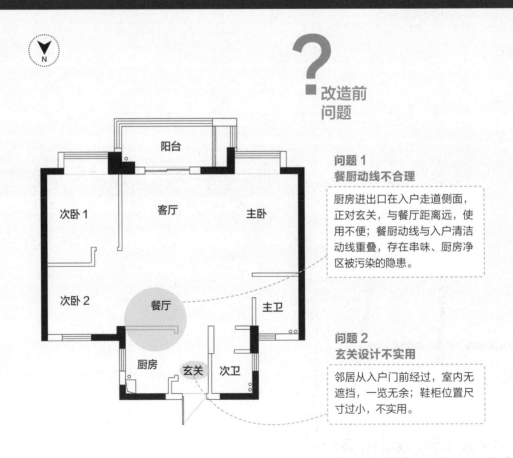

## 改造前问题

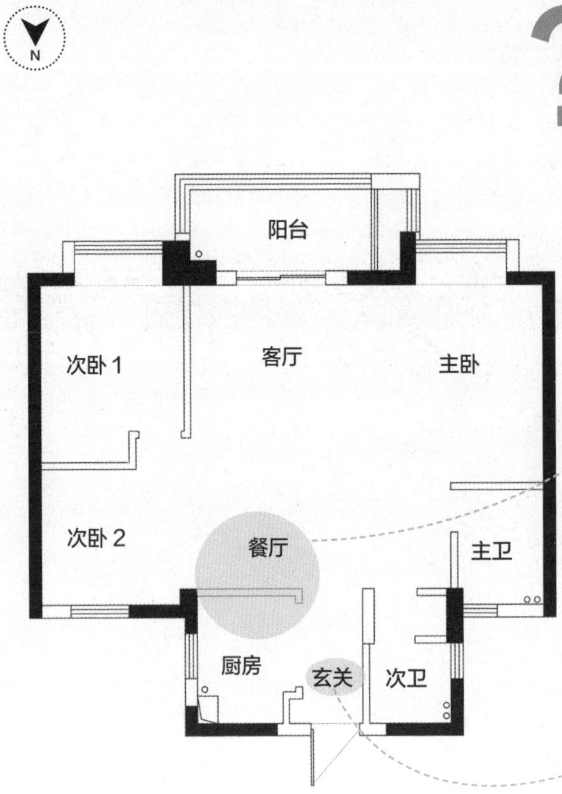
N
阳台
次卧 1
客厅
主卧
次卧 2
餐厅
主卫
厨房
玄关
次卫

**问题 1**
**餐厨动线不合理**

厨房进出口在入户走道侧面，正对玄关，与餐厅距离远，使用不便；餐厨动线与入户清洁动线重叠，存在串味、厨房净区被污染的隐患。

**问题 2**
**玄关设计不实用**

邻居从入户门前经过，室内无遮挡，一览无余；鞋柜位置尺寸过小，不实用。

改造后
破解法

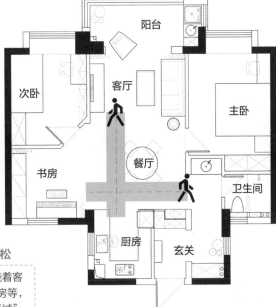

**破解 1**
**打造十字形动线，让生活更轻松**

改造 以餐厅为中心点，周边围绕着客厅、书房（多功能区）、主卧、厨房等，是十字形向心式格局。该"中央区域"提供了休息、放松、交流的场所。

优化 ❶十字形动线将原来被割裂的功能区聚拢。❷打通阳台、客餐厅、厨房、书房，家人在开放的空间里沟通更顺畅。孩子能看到父母，父母能及时回应不远处的孩子，相互陪伴让人安心。

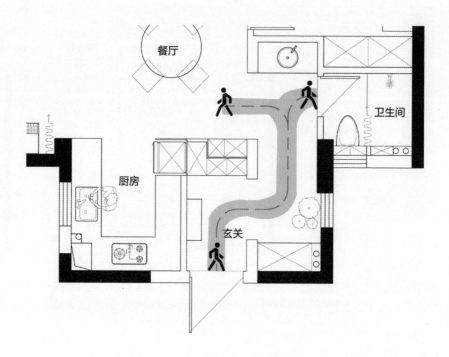

### 破解 2
### 曲线形动线解决"后疫情"时代的难题

**改造** 开放式厨房直接面对餐厅,将原入户走道与次卫合并,原主卫是公共卫生间。曲折迂回的动线将入户清洁与烹饪用餐两条动线彻底分开,避免污染。

**优化** ❶❷ 入户有条不紊,强化玄关的防疫功能,从换鞋凳、鞋柜、更衣柜、全身镜,再到洗手池、卫生间,动线流畅。❸ 卫生间干湿分离,使用方便。

改造
关键
思路

①减 —— 减少一个卫生间。

②合 —— 将次卫与玄关功能进行合并，在入户走道即可完成所有的清洁步骤。

③换 —— 将原厨房门洞方向调整至面对餐厅。

④借 —— 借用新卫生间干区，形成入户走道的缓冲区。

⑤拆 —— 拆除阳台和客厅之间的玻璃移门，拓宽客厅的采光、通风面。

# T形动线串联起起居生活，H形动线优化厨卫功能

## 文艺青年的三代同堂家庭

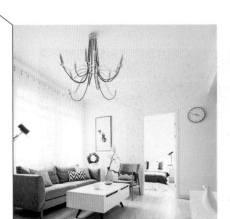

套内面积：80 m²
位置：无电梯住宅楼3层中间户
原始户型：3室2厅1卫
居住成员：6人（夫妻2人+2个孩子+2位老人）

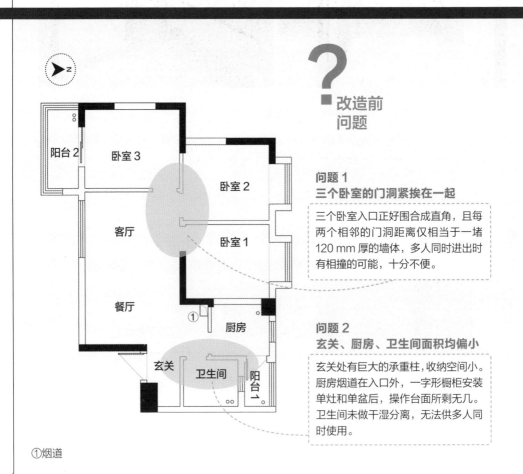

**改造前
问题**

### 问题 1
### 三个卧室的门洞紧挨在一起

三个卧室入口正好围合成直角，且每两个相邻的门洞距离仅相当于一堵120 mm厚的墙体，多人同时进出时有相撞的可能，十分不便。

### 问题 2
### 玄关、厨房、卫生间面积均偏小

玄关处有巨大的承重柱，收纳空间小。厨房烟道在入口外，一字形橱柜安装单灶和单盆后，操作台面所剩无几。卫生间未做干湿分离，无法供多人同时使用。

①烟道

**改造后
破解法**

**破解 1
T 形动线效率高**

**改造** 以全家人共聚的客餐厅为核心功能区，延展至卧室、厨房、卫生间等区域，两个卧室门内退，多出一块缓冲区。

**优化** 在卧室 2 的墙壁上设置两个圆形月窗，不仅便于父母照看幼童，也可引入光线至走道，还能避免三间卧室出入碰头的情况，一举多得。如需遮挡光线，则拉上卧室 2 内的窗帘即可。

卧室 3

卧室 2

卧室 1

客厅

餐厅

厨房

卫生间

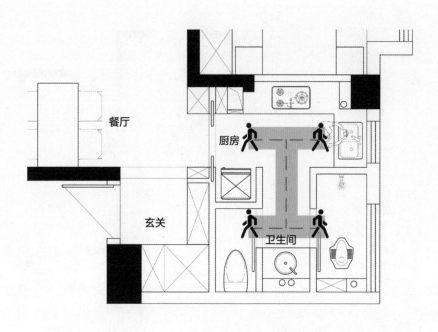

餐厅

厨房

玄关

卫生间

**破解 2**
**H 形动线好处多多**

**改造** ❶❷ 将原厨房去往原阳台
1 的门改成墙，拆除烟道位置的
墙体，形成面积适中的半围合
空间，设置 L 形橱柜。❸ 阳台
面积小，不实用，将原卫生间
与原阳台 1 之间的窗改为门，
原阳台作为卫生间湿区，实现
淋浴与如厕功能。

**优化** 将玄关的墙体内推，增加
收纳容积。利用玄关承重柱的
深度和换鞋柜的夹角做收纳柜。

①拆 —— 原卧室出入口拥挤，厨房没有冰箱位置，卫生间未做干湿分离，因此拆除所有非承重墙。

②借 —— 卧室出入口借位形成缓冲区，卫生间借位增加湿区。

③移 —— 将新砌墙体移到合适的位置，解决格局拥挤、无冰箱位、收纳空间不足的问题。

④合 —— 根据通道与家具尺寸，合并功能，例如两个如厕区共用一个洗手台。

改造关键思路

# 洄游动线串起卧室、书房，
# L 形动线让人爱上烹饪

## 从一人独居到三代同堂，
## 房门的超级"变变变"

套内面积：90 m²
位置：电梯住宅楼 16 层中间户
原始户型：3 室 2 厅 1 卫
居住成员：1 人

## ? 改造前
## 问题

### 问题 1
### 其中一个房间面积过小

虽然是三室格局，但其中一个房间达不到居住条件，即使做书房，空间也很紧张。

### 问题 2
### 厨房放不下冰箱

烟道占厨房面积大，一字形操作台仅能满足基本的洗、切、炒需求，没有放置冰箱和厨房电器的位置。

阳台
主卧
客厅
次卧 2
卫生间
餐厅
次卧 1
厨房
设备间

改造后
破解法

阳台

主卧

客厅

书房

餐厅

次卧

玄关

厨房

**破解 1**
**洄游动线生成多种居家模式**

改造 以电视墙为中心，运用开放式手法打造洄游动线，生成不同的居家模式。❶ 通向舒适的主卧。❷ 通向书房。❸ 两个方向的路径在书房会合。无论在书房接待客人返回客厅还是到书房工作返回主卧，都十分便利。

❶

❷

❸

**优化** "一门多用"，弥补电视墙过短的缺点，将隐形门与墙板融为一体，弱化墙体的边界感。通过门的开合变化，兼顾从一人独居到三代同堂的不同需求。

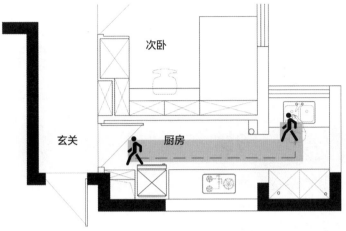

**破解 2**
**L 形动线让厨房操作更高效**

**改造** 利用设备间将厨房外扩，延长操作台。L 形动线对应厨房的操作步骤，窗户前是水槽，对面的操作台用来收纳厨房小家电。

**优化** 定制整体厨柜，嵌入蒸烤一体机、微波炉、冰箱、洗碗机等，满足使用需求。

**改造关键思路**

①合 —— 打造可分可合式套房，分开是两个独立的房间，书房后期可改为卧室。

②借 —— 借次卧空间，在不缩小原走道尺度的前提下，设置玄关柜。

③增 —— 利用设备间，扩大厨房空间，满足收纳需求。

④换 —— 拆除卧室飘窗，换成翻盖式梳妆台，让主卧不拥挤。

# 顺应房屋结构打造 Z 形动线，Y 形动线串起多种生活场景

## 两室改三室，一家五口人乘上爱的时光机

套内面积：83 m²
位置：电梯住宅楼 4 层中间户
原始户型：2 室 2 厅 1 卫
居住成员：5 人（夫妻 2 人 +1 个孩子 +2 位老人）

**改造前问题**

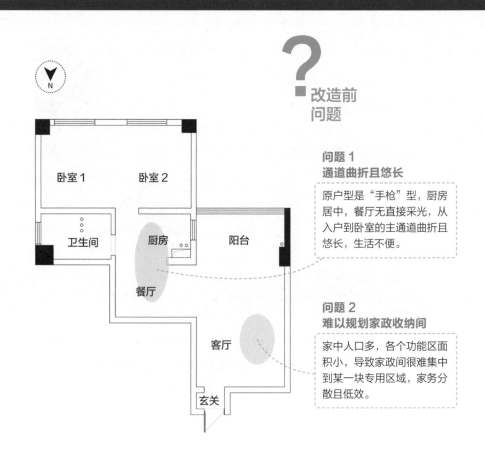

**问题 1**
**通道曲折且悠长**

原户型是"手枪"型，厨房居中，餐厅无直接采光，从入户到卧室的主通道曲折且悠长，生活不便。

**问题 2**
**难以规划家政收纳间**

家中人口多，各个功能区面积小，导致家政间很难集中到某一块专用区域，家务分散且低效。

改造后
破解法

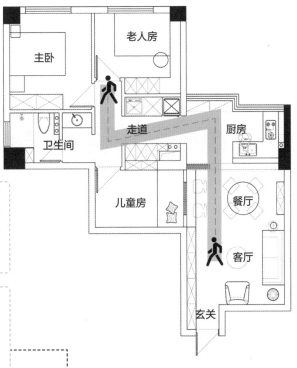

主卧

老人房

走道

卫生间

厨房

儿童房

餐厅

客厅

玄关

**破解 1**
**两室改三室，Z 形动线妙处多**

**改造** 将阳台改为厨房，将餐厅改为儿童房，拥有三间卧室，解决一家五口人的起居问题。顺应墙体结构，以 Z 形动线串起各功能区，有移步换景的妙处。

**优化** 餐厨一体，以厨房岛台（带水槽）为中心，在两侧设置用餐区和烹饪区。喝水、冲奶粉、泡茶可在餐厅解决；家人可面对面交流。中间用可开可合的玻璃移门，打开门宽敞通透；关上门隔绝油烟。

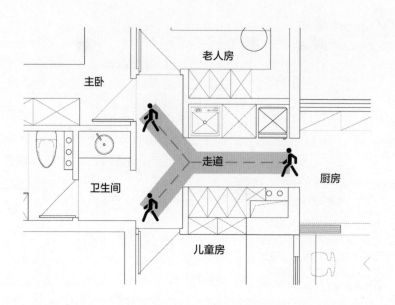

## 破解 2
### Y 形动线提升家务效率

改造　原厨房成为动区去往静区的走道，Y 形动线连接走道尽头的卧室和卫生间。家务间集中在过道，提升空间使用效率。

优化　❶❷ 连接厨房的走道一端，在柜内嵌入冰箱、微波炉、蒸烤箱等；另一端靠近卫生间，则设置洗衣机、烘干机。❸ 走道另一侧的柜体内放吸尘器、扫洗一体机等清洁设备。❹❺ 走道尽头是干湿分离卫生间，干区放有深浅两色脏衣篓，上柜储藏卫浴用品。

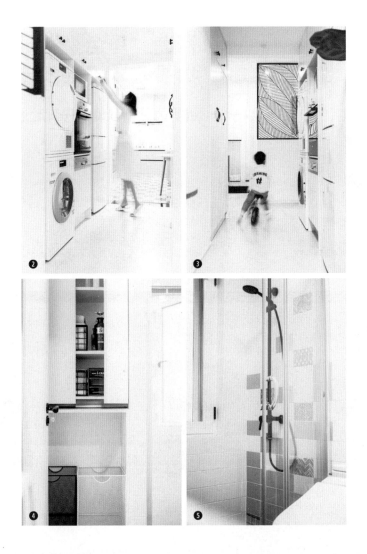

改造
关键
思路

①增 —— 增加一间儿童房，解决房间不够住的问题。

②换 —— 将原厨房移至阳台，利用烘干机解决衣物的晾晒问题。

③移 —— 在卧室新砌墙体，解决走道收纳空间少的问题。

④借 —— 借卫生间干区形成走道的缓冲区，减少卧室出入冲突。

⑤拆 —— 拆掉原厨房的窗，改为走道门洞，在儿童房的墙面上挖窗洞，
改善采光、通风。

# 打造"复合型"动线，构筑永不设限的家

且听风吟，以诗做舟奔赴远方

套内面积：137 m²
位置：电梯住宅楼 2 层边户
原始户型：3 室 2 厅 2 卫
居住成员：5 人（夫妻 2 人 +1 个孩子 +2 位老人）

## ? 改造前问题

**问题 1**
**没有独立书房**

三间卧室分别安排给一家五口人，没有独立书房。如果将书房设置在露台，则温差大，而且距离静区太远，使用不便。

**问题 2**
**餐厅和厨房距离远**

餐厅和厨房之间被楼梯占了一块面积。业主爱好烹饪，希望厨房功能丰富，用餐体验舒适。

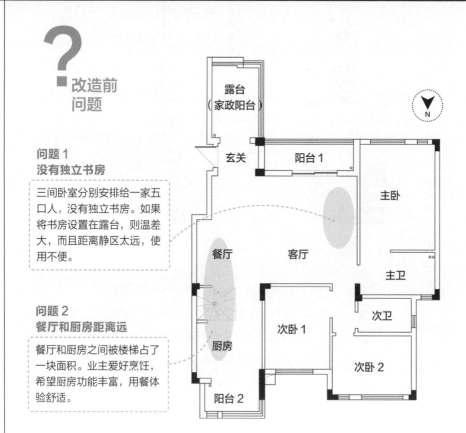

**改造后**
**破解法**

**破解 1**
**用"复合型"动线整合功能区**

**改造** 将原阳台1内墙体向客厅移动，采用女儿墙结合铁艺折叠窗和平开门，打造全明式书房，同时改善客厅的采光和通风。

**优化** ❶全明阅读空间，减少外窗窗框数量，增加受光面积。黑板墙与书架为空间增添趣味性。❷❸打造以客餐厅为主的生活主场，或以书房为主的"书虫"主场。客厅挂画墙可更换成影视墙，放置大尺寸投影幕布。❹❺将南向露台改成家政阳台，这里还有宠物龟宝的小屋，只需从玄关走出两步就能看到蓝天。

❶

## 破解 2
## U 形动线提升备餐效率

**改造** 将北阳台纳入厨房，在 U 形动线中心点设置岛台，集成餐厨功能，将空间利用率最大化。

**优化** ❶ 中厨操作台依次为洗菜区、切菜区、烹饪区。❷ 中心岛台方便家人就近用简餐。在岛台对面设置高柜，嵌入双开门冰箱。❸ 在餐厅补充收纳蒸烤箱、茶点餐具，集成西厨功能。

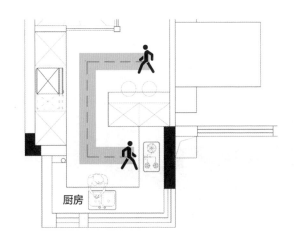

厨房

**改造关键思路**

①拆 —— 拆掉北阳台移门，拓展厨房空间。

②补 —— 餐厅是缺角空间，利用墙壁凹陷处做收纳柜，嵌入蒸烤箱。

③借 —— 将南阳台改成书房，为了增加书房宽度，向客厅借部分空间。

④移 —— 老人房门洞移位，利用墙壁凹陷处定制衣柜。

# 打造分离式动线，
# 为老人提供颐养空间

## 平凡的暮色人生，
## 陪伴是最长情的告白

套内面积：113 m²
位置：电梯住宅楼 7 层边户
原始户型：4 室 2 厅 2 卫
居住成员：5 人（夫妻 2 人 +1 个孩子 +2 位老人）

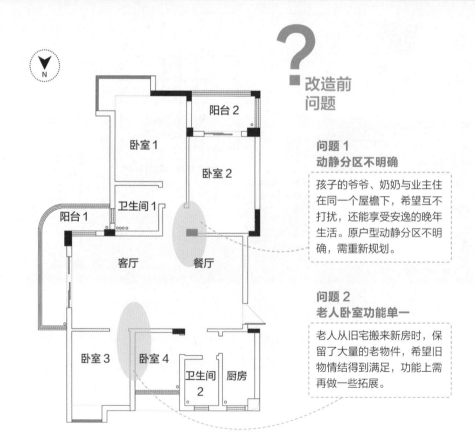

**? 改造前问题**

### 问题 1
**动静分区不明确**

孩子的爷爷、奶奶与业主住在同一个屋檐下，希望互不打扰，还能享受安逸的晚年生活。原户型动静分区不明确，需重新规划。

### 问题 2
**老人卧室功能单一**

老人从旧宅搬来新房时，保留了大量的老物件，希望旧物情结得到满足，功能上需再做一些拓展。

**改造后
破解法**

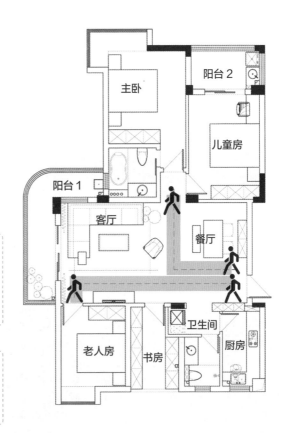

主卧

阳台2

儿童房

阳台1

客厅

餐厅

卫生间

厨房

老人房

书房

**破解 1
打造分离式动线,明确动静分区**

**改造** 以客餐厅为界线,空间被活动家具分成三大区域:客餐厅是公共区域,为动区;客餐厅通往卧室的走道是次静区;客餐厅转向书房的方向是静区,是老人的起居区域。

**优化** 书房与老人房统一为隐形门,两扇门呈对称式设计,门墙合一,增加空间秩序感,给老人起居生活增添庄重感。

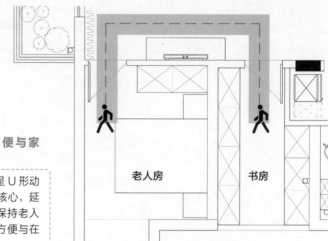

**破解 2**
**打造 U 形动线，方便与家人互动**

改造　老人房和书房呈 U 形动线，以这两个房间为核心，延展到周边功能区。在保持老人生活私密度的同时，方便与在客餐厅的家人进行互动。

优化　❶ 营造宁静舒适的休息环境，保证睡眠品质。❷ 在书房增加收纳空间，满足老人收藏旧物的需求。

改造关键思路

①离 —— 以客餐厅为界，隐形界定出动区、次静区和静区。

②合 —— 将卫生间、老人房、书房规划在房屋一侧，以便老人日常使用。

③借 —— 借空间，妥善安置冰箱，兼顾从客餐厅、厨房、卧室到冰箱处的取用距离，便利高效。

④移 —— 改变老人房的门洞位置，与客厅朝向阳台的窗形成对流，有利于通风。卧室门与阳台门在视觉上有延伸，缓解老人处于室内的闭塞感。